输变电工程环境保护与水土保持丛书

水土保持
防治措施设计

国网湖北省电力有限公司　组编

中国电力出版社
CHINA ELECTRIC POWER PRESS

内 容 提 要

本书是输变电工程环境保护与水土保持丛书的《水土保持防治措施设计》分册，共 5 章，主要包括输变电工程的概述、工程措施设计、植物措施设计、临时措施设计和输变电工程水土保持措施设计案例等内容。本书既有以上各类水土保持防治措施选择及应用指导，也有各类水土保持防治措施典型设计图、应用实例图片等，内容丰富。在附录部分着重提出了输变电工程水土保持防治措施设计图的要求和应注意的问题、工程量的计算和方法，进一步完善输变电工程水土保持防治措施设计的不足之处。

本书主要面向参与输变电工程环境保护与水土保持项目的各方，对环境保护与水土保持建设的前期规划、中期施工和后期维护均有重要的参考价值。

图书在版编目（CIP）数据

水土保持防治措施设计 / 国网湖北省电力有限公司组编 . —北京：中国电力出版社，2020.10
（输变电工程环境保护与水土保持丛书）
ISBN 978-7-5198-4805-7

Ⅰ．①水…　Ⅱ．①国…　Ⅲ．①输电—电力工程—水土保持—技术措施②变电所—电力工程—水土保持—技术措施　Ⅳ．①S157

中国版本图书馆 CIP 数据核字（2020）第 129551 号

出版发行：中国电力出版社
地　　址：北京市东城区北京站西街 19 号（邮政编码 100005）
网　　址：http://www.cepp.sgcc.com.cn
责任编辑：刘丽平（liping-liu@sgcc.com.cn）
责任校对：黄　蓓　郝军燕
装帧设计：王红柳
责任印制：石　雷

印　　刷：三河市航远印刷有限公司
版　　次：2020 年 10 月第一版
印　　次：2020 年 10 月北京第一次印刷
开　　本：787 毫米 ×1092 毫米　16 开本
印　　张：7.5
字　　数：183 千字
印　　数：0001—1500 册
定　　价：40.00 元

本书编委会

主　　编　冀肖彤

副主编　张大国　詹学磊

参　　编　王　晟　姚　娜　王　晖　李　辉　秦向春

　　　　　程艳辉　洪　倩　段金虎　李隽兵　宋晓彦

　　　　　王红岩　刘艳改　卫　杰　张　磊　吉增宝

　　　　　王诗莹　胡　节　张　莹　石剑波　项兴尧

　　　　　曹　忱　董幼林　赵俊华

前　言

随着《环境保护法》《环境影响评价法》《建设项目环境保护管理条例》《水土保持法》及其配套规章的制（修）订及实施，电网环境保护与水土保持工作面临的监管形势更加错综复杂，电网企业在噪声污染、废水排放及废油风险防范、水土流失治理等方面的主体责任被进一步压实和明确。随着事中事后监管的逐步推进和环保、水保执法力度全面加强，输变电工程环境保护与水土保持典型设计的有效性、可靠性、合理性以及经济性已经成为电网高质量发展的关键因素之一。

近年来国内外大量科研院校和企事业单位都围绕电网噪声污染控制、废水处理、变压器油环境风险防控、水土保持和生态恢复设计等内容，开展了很多理论研究和工程实践，取得了一系列研究成果和实践案例。但这些工作分布较为零散，不利于相关管理及科研设计人员系统地了解和掌握输变电环水保设计要求、理念和具体方案措施。

为了建立系统的输变电工程环水保典型设计技术体系，保存和推广已有的环保典型设计重大研究成果，并为后续环保典型设计研究的重点方向提供指导，国网湖北省电力有限公司于 2018 年 3 月启动了"输变电工程环境保护与水土保持丛书"的编撰工作。整套丛书在对现有研究成果和学术专著分类整编的基础上，着眼于噪声、废水废油、水土保持与生态保护的措施设计和施工，共分为六个分册，本书是《水土保持防治措施设计》。该书总结出各类输变电工程水土保持制图的通用要求，并结合各类项目特点，在汇总已有水土保持防治措施经验的基础上，按照水土保持相关标准规范及审查要求，对输变电工程水土保持防治措施进行了系统性的收集、整理和标准化设计。

《水土保持防治措施设计》分册不同于以往单一输变电工程模块化、简单化的水土保持措施设计，通过收集各类输变电工程水土保持工程措施、植物措施、临时措施及综合应用案例进行，分析不同水土保持措施的适用条件、设计标准规范、典型设计图等，并收集相应的水土保持措施实践图片进行分类设计。

本丛书由国网湖北省电力有限公司组织编写，国家电网有限公司、国网经济技术研究院、华中师范大学、中南电力设计院有限公司、西南电力设计院有限公司会同国网湖北省电力有限公司的专家对书稿的各阶段进行审查和讨论，提出了许多宝贵的意见和建议。在此谨向参与编审的单位和个人表示衷心的感谢，向关心和支持丛书编写的各位领导表示诚挚的敬意。

由于时间仓促，加之编者能力所限，本书难免存在不足之处，恳请各位读者批评指正。

编　者

2020 年 10 月

目 录

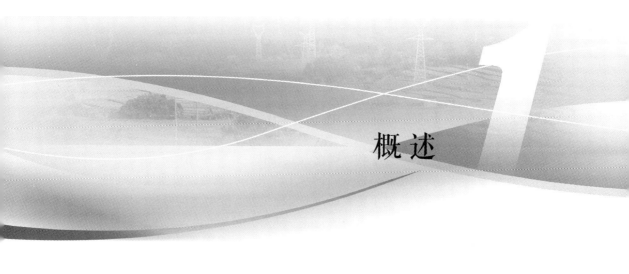

概 述

1.1 输变电工程定义及其分类

输变电工程是将电能的特性（主要指电压、交流或直流）进行变换并从电能供应地输送至电能需求地的工程项目。输变电工程可以分为交流输变电工程和直流输电工程，其中：交流输变电工程包括输电线路和变电站（或开关站、串补站），直流输电工程包括输电线路、换流站和接地极系统。输变电工程的电压等级越高，输送的电力越大，输送距离也越远。

1.1.1 交流输变电工程

1.1.1.1 输电线路

输电线路是用于电力系统两点间输电的导线、绝缘材料、杆塔等组成的设施。

1.1.1.2 变电站

变电站是电力系统的一部分，其功能是变化电压等级、汇集配送电能，主要包括变压器、母线、线路开关设备、建筑物及电力系统安全和控制所需的设备。

1.1.2 直流输变电工程

1.1.2.1 换流站工程

换流站工程建设前期准备工作包括确定工程建设地点、红线图范围、建设规模、竖向布置；配套设施建设情况，包括进站道路、施工区、站外供排水工程、施工用电及用水工程、取弃土情况。

1.1.2.2 接地极工程

接地极工程前期准备工作包括确定工程建设地点、建设规模；配套设施建设情况，包括进极道路、检修道路、电极电缆。

1.1.2.3 直流线路及接地极线路

直流线路及接地极线路工程前期准备工作包括确定工程路径方案、路径长度、杆塔数量、基础结构形式、塔基施工场地、牵张场、跨越施工场地、施工及人抬便道布设情况；生态及敏感区穿（跨）越情况、拆迁情况及树木砍伐情况。

输变电工程建设不但包括变电站/换流站点状工程，同时也包含输电线路线状工程。变电站/换流站通常会涉及站区、进站道路、站外排水管线及施工生产生活区四个部分；输电线路通常会涉及塔基区（包括施工场地临时占地）、牵张场、施工道路、人抬道路 4 个部分。工程建设期水土保持施工活动主要内容有场地开挖、回填，边坡防护、场地截排水等工程措施，以及适当的临时措施、植物措施等。

1.2　输变电工程水土流失特点

输变电工程属于典型的线性工程，因此其线路长、影响范围广，沿线地形地貌类型多，工程建设对地面的扰动类型也多，造成新的水土流失在所难免。根据输电线路工程的特点，工程建设对当地水土流失的影响主要表现在工程施工期，变电站的修建、塔基开挖、牵张场地以及施工场地的平整、施工临时道路的开辟等都是引起水土流失的主要项目。

输变电工程一般分为变电站（换流站）和输电线路两部分。变电站（换流站）区包括站区（含施工生产生活区）、进站道路区、施工力能引接区、站外供排水管线区等，变电站（换流站）属于点状分布，单个占地面积较大且施工强度大，短时间内造成较为严重的地表扰动后果和水土流失。输电线路区包括塔基区（含塔基施工区）、牵张场地区、施工道路区、跨越施工区和拆迁场地区等，输电线路呈离散型分布，跨越不同土壤侵蚀类型区，影响水土流失的因素复杂多变，侵蚀单个面积不大但治理难度大，恢复困难。

（1）不同建设阶段的水土流失强度。输变电类生产建设项目建设期水土流失预测时段通常包括施工准备期、施工期及自然恢复期。

（2）不同水土保持类型区水土流失强度不同。根据自然地理条件、水土流失特点和影响因素以及可能发展的趋势，并结合土地利用、水资源的开发保护利用、水土流失潜在危险与防治、采取的措施以及农业经济发展方向。

变电站/换流站土建施工及输电线路塔基基础施工是输变电工程水土流失量较大的施工时段，是建设期工程防治的重点。输电线路具有跨越距离长、施工点分散等特点，也给水土保持设计带来一定的困难。

1.2.1　变电站（换流站）区水土流失特点

在修建变电站工程时，首先要平整场地，根据地形地貌的不同需要回填或开挖土方，这会产生一定的土壤侵蚀；在变电站建设期间，设备安装等基础的开挖、土方临时堆放也会产生一定的土壤侵蚀。在变电站建成后，站内除了设备区域外基本都硬化或铺上碎石，所以试运行期基本不产生土壤侵蚀。

1.2.2　输电线路水土流失特点

1. 塔基区水土流失特点

塔基一般有插入式、现浇板式、现浇阶梯型、掏挖型及岩石嵌固式5种型式。塔基开挖区的水土流失主要是开挖土方临时堆放点以及地表扰动造成的水土流失，其特点和强度因塔基型式的不同而不同，强度大小排序为：掏挖型＞现浇板式＞现浇阶梯型＞插入式＞岩石嵌固式。塔基工程建设的水土流失主要集中在建设期，而在试运行期由于水土保持工程防治效果的滞后性也会产生一定的土壤侵蚀。

2. 施工区水土流失特点

输变电工程的施工区包括施工场地区和牵张场地区。施工区的水土流失主要集中在建设前期，场地平整过程中会由于表层植被破坏、土石方开挖等产生土壤侵蚀。与塔基区水土流失特点相同，在试运行期由于水土保持植物措施防治效果的滞后性也会产生一定的土壤侵蚀。

3. 施工道路区水土流失特点

输变电工程的施工道路包括施工道路和人抬道路。施工道路在建设过程中由于土石方开挖和地表的破坏会产生一定的土壤侵蚀；人抬道路在开辟时基本不动土，仅对地表植被进行简单的砍伐形成人行通道即可，所以产生的土壤侵蚀量较小。

1.3 输变电工程水土保持措施

1.3.1 主要防治分区

防治分区一般按二级分区进行。

1. 变电站/换流站防治分区

1级分区包括变电站/换流站；2级分区包括站区、进站道路、站外供水管线和施工生产生活区等；

2. 输电线路防治分区

1级分区包括输电线路；2级分区包括塔基区（含施工场地）、牵张场、施工道路、人抬道路等。

1.3.2 各分区防治措施选择及应用指导

输变电工程的水土保持重点主要是在变电站和塔基施工过程中平整施工场地产生的弃渣，尤其是山区的变电站在场区平整过程中往往会产生大量的弃渣，检查过程中要重点对弃渣的处理方式和防护情况做详细的调查和量测。另外，输变电工程的植被恢复也是水土保持检查的一个重点项目，重点对沿线塔基区的植被恢复情况进行抽查，检查成活率、保存率、覆盖度等指标。

1.3.2.1 变电站（换流站）分区的水土保持措施

1. 站区防护措施

（1）工程措施包括：

1）表土剥离、表土回覆；

2）场地截洪沟：浆砌石（包括砂浆抹面）、钢筋混凝土；

3）场地排水沟及排水口设施：钢混、浆砌石、砖砌；

4）场地盖板排水沟：沟体（钢混、浆砌石、砖混）、盖板（混凝土、透水孔铸铁板）；

5）场地护坡：浆砌块石框架、浆砌条石框架、混凝土框架、透水砖砌框架、跌水、消能；

6）场地挡墙：重力式、衡重式挡墙；

7）导排设施永久性沉沙池：砖砌抹面、浆砌石抹面、钢筋混凝土；

8）土地平整：对于在施工后期需进行复耕或植被绿化的临时占地，需在复耕或植被绿化前进行土地平整；

9）碎石地坪：根据国家电网公司"两型一化"变电站设计要求及近年各地变电站实际运行情况，变电站内配电设备下方空地多采用碎石地坪。

（2）植物措施包括：

1）植物护坡、园林绿化；

2）确定种植的乔木种类、规格、数量，并附站区植物措施布置图、站区道路绿化布置、乔木及灌木种植方式典型设计图。

（3）临时措施（重点对临时堆土场进行）包括：

　　1）砖砌临时沉沙池；

　　2）临时排水边沟：采用土沟或砖砌；

　　3）临时拦挡：采用袋装土临时拦挡；

　　4）临时遮盖：采用塑料布或防尘网。

　　变电站工程施工过程中需根据工程需要配置土方临时堆放场，表层土与回填土分开堆放。堆土高度不超过3.5m，两边坡度为1∶1.5，临时堆土须用防尘网苫盖，周围可采用草袋装土围挡。

　　2. 道路区防护措施

　　(1) 工程措施包括：

　　1）表土剥离、表土回覆。

　　2）道路护坡：网格、铅丝网、喷混凝土、浆砌石、综合、跌水、消能。变电站进站道路护坡设计同变电站区的护坡设计，设计时往往要考虑道路的排水问题，结合导流槽和截水沟一起设计。

　　3）道路排水、截水措施：浆砌石（道路坡面排水）、砖砌、钢筋混凝土。

　　进站道路根据地形及自然条件设计有截排水设施。变电站新建进站道路路面排水一般采用自由漫流式排水，路旁设置排水沟，使路基范围内的雨水通过排水边沟排出。排水沟沿地形布设，由高至低，排水沟出口标高与地面高差不大于0.1m。

　　4）土地平整：路基绿化带土地整治。

　　(2) 植物措施包括：可以采用乔灌草相结合的方式，植草采用草皮，具体有铺草皮护坡、植生带护坡、液压喷播植草、三维植被网护坡、香根草篱护坡、挖沟植草、土工格室植草护坡、浆砌片石骨架植草护坡、藤蔓植物护坡。

　　(3) 临时措施包括：

　　1）临时拦挡：道路外侧采用袋装土临时拦挡；

　　2）临时遮盖：裸露开挖填方处采用塑料布或防尘网遮盖。

　　3. 站外供水管线防护措施

　　(1) 工程措施包括：

　　1）表土剥离、表土回覆；

　　2）土地平整：进行土地整治工作，清理施工迹地，为随后的复耕或者恢复植被工作打下良好的基础。

　　(2) 植物措施包括：

　　1）施工迹地的绿化；

　　2）进行植被恢复，恢复原有植被类型。对占用林地的牵张场地需恢复林地。

　　(3) 临时措施包括：

　　1）临时拦挡；

　　2）临时遮盖：采用防尘网对临时堆土和裸露地面进行苫盖。

　　4. 施工力能接引区防护措施

　　施工力能接引区通常指施工临时用水、通信、电力等设施需要的临时占地，由于占地面积通常很小，施工扰动轻微，通常采用土地整治并恢复原有土地利用类型的措施。

1.3.2.2 输电线路分区水土保持措施

1. 塔基区（包括施工场地）防护措施

（1）工程措施。

1）表土剥离、表土回覆。塔基基础施工前应实施表土剥离。表层土壤是经过熟化过程的土壤，其中的水、肥、气、热条件更适合作物的生长。表土作为一种资源，要在施工过程中单独堆存，用于植物措施的换土、整地，以保证植物的成活率。在土石方施工挖方时，先将表土剥离后，堆置在临时堆土场。临时堆土场进行密目网苫盖。表土剥离后再进行塔基基础开挖，以保证土方回填时表土仍覆盖在表层。

2）土地平整。对于在施工后期需进行复耕或植被绿化的临时占地，需在复耕或植被绿化前进行土地平整。原土地利用类型为耕地的应恢复耕地。

3）场地护坡包括浆砌片石护坡、浆砌片石骨架内铺草皮护坡、现浇混凝土框架护坡、三维网挂网护坡、挂网喷草护坡、跌水、消能。

4）场地排水沟及排水口设施包括钢混、浆砌石、砖砌。

（2）植物措施包括：

1）施工迹地植被恢复；

2）塔基区施工回填后及时整平土方，土地整治后原土地利用类型为草地的恢复植被。

（3）临时措施（重点对临时堆土场进行）包括：

1）砖砌临时沉淀池：将灌注桩基础施工产生的泥浆引至塔基附近的泥浆沉淀池。沉淀池为就地挖坑夯实基底和围堰。沉淀池的容积和数量可根据实际土方开挖工程量和现场地质情况确定。

2）临时排水边沟：采用土沟或砖砌。

3）临时拦挡：采用袋装土临时拦挡。

4）临时遮盖：采用塑料布或防尘网。

塔基区施工过程存在少量的临时堆土及裸露地面，采用防尘网对临时堆土和裸露地面进行苫盖。临时土方堆放不得高出地面1.5m，两边坡度不得高于1∶1.5。

2. 牵张场防护措施

（1）工程措施包括土地平整和复耕。

（2）植物措施包括施工迹地植被恢复。牵张场地区施工结束后，要进行植被恢复，恢复原有植被类型。对占用林地的牵张场地需恢复林地。

（3）临时措施包括临时拦挡、临时遮盖。

为保护当地生态环境，牵张场地区往往设计有土工布或钢板、木板等进行铺垫，以最大限度地保留当地植被，减少油污对土地的污染。

3. 施工道路、人抬道路防护措施

（1）工程措施包括土地平整和复耕。施工道路区施工结束后通常进行土地整治工作，清理施工迹地，为随后的复耕或者恢复植被工作打下良好的基础。

（2）植物措施包括施工迹地植被恢复。施工结束后，恢复原有植被类型。

（3）临时措施包括土质排水沟和临时拦挡、临时遮盖。

对于一些生态脆弱的特殊地区或农田，根据减少扰动面积及规范化施工的要求，设计时考虑采用围栏及铺设草垫的方式来确定施工边界，从而达到减少扰动面积的目的。

4. 施工生产生活区防护措施

变电站施工生产生活区是指办公生活区、设备材料临时堆放场地、砂石料场区、钢筋木材制作区、搅拌站、机具材料库房、吸烟饮水室、废品存放区等施工辅助型的临时占地。施工结束后通常需要对施工生产生活区进行土地整治，并恢复原有土地利用类型。处于低洼地的施工生产生活区要注意防止洪水，设计临时排水设施。

（1）工程措施包括：

1）表土剥离、表土回覆；

2）土地平整；

3）硬化层清除；

4）进行土地整治工作，清理施工迹地，为随后的复耕或者恢复植被工作打下良好的基础。

（2）植物措施包括：施工迹地的绿化或复耕措施，进行植被恢复，恢复原有植被类型。对占用林地的牵张场地需恢复林地。

（3）临时措施（重点对临时堆土场进行）包括：

1）砖砌临时沉沙池；

2）临时排水边沟：采用土沟或砖砌；

3）临时拦挡：采用袋装土临时拦挡；

4）临时遮盖：采用塑料布或防尘网。

工程措施设计

2.1 表土剥离及回覆

表土剥离及回覆是指将扰动土地表层熟化土剥离并搬运到固定场地堆放,并采取必要的水土保持临时措施,待主体工程完工后,再将其回覆到需恢复植物或复耕的扰动场地表面的过程。

2.1.1 表土剥离区域的确定

特高压工程表土剥离的区域应为全部的建设扰动区域。结合特高压工程的特点和各区域情况应区别对待,尽量减少不必要的扰动和土石方调运、存放,减少水土流失的发生。

1. 变电站(换流站)区

变电站区由于扰动剧烈、土石方量大,需全部进行表土剥离,并设置临时堆土场进行表土的存放。

2. 输电线路区

输电线路区由于各分区扰动情况有较大差别,应根据实际情况进行剥离。

(1)塔基区。塔基区基础开挖扰动剧烈,土石方开挖、调运、堆放频繁,且施工结束后塔基区需要恢复植被,因此需要进行表土剥离,剥离的表土临时堆放于塔基周围的施工区。

(2)牵张场区。牵张场区布局分散、扰动较小,可采用枕木或者钢板进行敷设,再进行施工,地面无扰动或扰动较小,因此不需要进行表土剥离。

(3)跨越施工区。跨越施工一般要搭建脚手架,实际扰动有限,因此不进行表土剥离。

(4)施工道路区。施工便道及人抬道路需要进行场地的平整,地表扰动较强,一般需进行表土剥离。但是,西北黄土高原区、青藏高原和内蒙古自治区等生态脆弱的草原、草甸、已恢复植被的沙地区等,由于恢复原地貌较为困难,可不进行剥离。为减少扰动,可在施工便道及人抬道路两侧布设铁丝网或者彩布条进行标示,限定扰动区域。

2.1.2 表土剥离量计算

结合施工区域的表层土厚度,对区内水浇地和部分有林地进行表土剥离,施工结束后剥离的表土作为绿化覆土全部回用于站区绿化区域,表土回覆厚度与表土剥离的厚度相同。

表土剥离量应按照式(2-1)计算:

$$V = BS \tag{2-1}$$

式中　V——表土剥离量,m^3;

　　　B——厚度,m;

S——面积，m^2。

2.1.3 表土剥离方法

场地内表土剥离采用人工砍伐树木，推土机和小型反铲推挖草皮、树根等，人工配合装15～20t自卸汽车运输至监理和业主指定地点临时堆存，待工程施工结束后作为场地的复垦、绿化覆土使用。

临时埋地管线区域表土剥离以人工剥离为主，将剥离土置于开挖区域一侧，待管线区域回填后作为恢复迹地的覆土使用。

表土剥离直接采用推土机推至存储区，对于区域较小部位采用$1m^3$反铲挖掘机配合，具体施工工艺流程为施工准备、测量放样、表土剥离、堆存保护。

1. 施工准备

建好施工平面控制网、高程系统，按设计要求放出开挖高程及开挖边线。

2. 测量放样

表土剥离前，利用全站仪及水准仪进行测量放样，确定开挖范围、高程，并打（放）开挖范围、开挖深度控制桩线。

3. 表土剥离

根据测量放样，利用推土机直接推土至存储区存放，部分边角及较小区域采用$1m^3$反铲挖掘机配合开挖集料，再用推土机推至存储区。若临时堆放场地较远，可采用自卸汽车运输至设定的临时堆放场地存放。表土剥离厚度可参考表2-1。

表2-1 表土剥离厚度参考值

分区	表土剥离厚度（cm）	分区	表土剥离厚度（cm）
西北黄土高原区	30～50	南方红壤丘陵区	30～50
北方土石山区	10～30	西南土石山区	20～30
东北黑土区	30～80		

4. 堆存保护

线状项目总体应采用"大分散、小集中"的保存方案；点状项目应采用分区、分片集中保存，表土临时堆存应尽量占用场内空闲地，如场内无适合堆处则应另行征地，表土保存过程中应设有临时防护措施。

对于线性工程可以根据剥离量和堆放的条件每100m、200m、500m、1000m分段进行堆放，四周用编制土袋临时挡护，编织袋外0.5～1.0m处设临时排水沟，堆积形成后可利用铲车或推土机对顶部和边坡稍做压实，顶部应向外侧做成一定坡度，便于排水。

如堆放量小，可用塑料彩条布或薄膜覆盖即可，四周用土袋压脚。如保存期较长，超过1个生长季，可撒播草籽临时绿化，草种应该选择有培肥地力的（豆科）牧草。

如堆放在渣场，一般应集中堆放在渣场下游或者两侧地势平缓处，避开低洼及水流汇集处。

对于输变电工程来说，由于表土存储无压实度要求，因此按要求堆放在存储地后进行拍实即可。表层苫盖防尘网或彩条布，防止刮风引起扬尘。边坡采用填土编织袋装土进行挡挡。

2.1.4 表土回覆

土地整平工作结束后，应调运临时堆放表土对扰动区进行表土回覆。覆土厚度根据土地利用方向确定。对于回覆的表土需进行整平。各地区覆土厚度参考值见表2-2。工程量记录表见表2-3。

表2-2 各地区覆土厚度参考值

分区	覆土厚度（cm）		
	耕地	林地	草地（不含草坪）
西北黄土高原区	60～100	≥60	≥30
东北黑土区	50～80	≥50	≥30
北方土石山区	30～50	≥40	≥30
南方红壤丘陵区	30～50	≥40	≥30
西南土石山区	20～50	20～40	≥10

表2-3 工 程 量 记 录 表

分区	剥离厚度（cm）	剥离面积（hm²）	剥离量（m³）	回覆面积（hm²）	回覆量（m³）
站区					
进站道路					
施工生产生活区					
站外供排水工程					

回填利用应注意：

（1）为提高草皮成活率，植草皮前应先覆土，覆土应控制厚度，一般为3～5cm，覆土时应适当压实，增加与边坡粘合力，避免剥落或因含水量增加与草皮一起顺坡向下滑移。如采用框格植草护坡，也应在框格内覆土。

（2）表土回填及整地过程中地面与周边地形应协调，避免出现中间低四周高，以避免雨天造成洼地积水。

（3）临时占地利用完毕后应先铲除地表泥结石层，然后回填表土进行全面整地，全面整地后地面高度应与周边一致，以利于复绿、复耕（园）。

（4）当采用喷混植生或打土钉挂网喷草绿化，不需覆土。

2.2 防 洪 排 导 工 程

2.2.1 截（排）水沟

截（排）水沟包括截水沟和排水沟。截水沟是指在坡面上修筑的拦截、疏导坡面径流，具有一定比降的沟槽工程。排水沟是指用于排除地面、沟道或地下多余水量的沟。

1．截（排）水沟及顺接措施典型设计

截（排）水沟措施典型设计见图2-1～图2-4。

2．水土保持技术要求

截水沟一般用来拦截并排除上游汇水和地面径流，保证边坡的稳定和主体工程的安全，同时防止地面径流产生的水土流失。

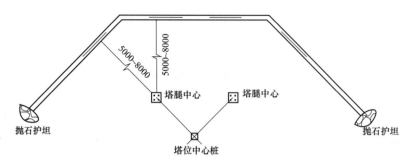

图 2-1　山丘区塔基截（排）水沟平面示意图

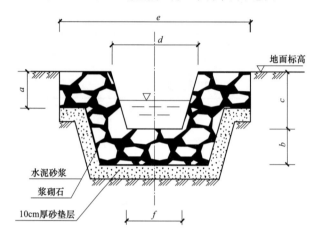

图 2-2　浆砌石截（排）水沟梯形断面典型设计图

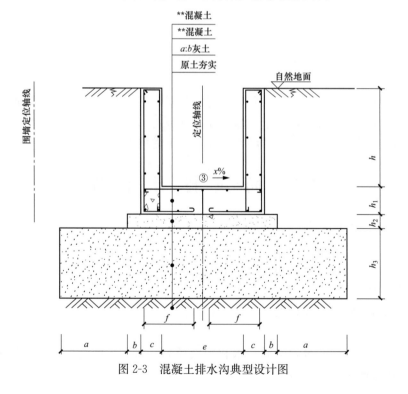

图 2-3　混凝土排水沟典型设计图

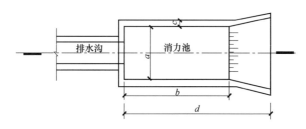

图 2-4 截（排）水沟末端消能措施典型设计图

截水沟一般布设在山区、丘陵区的变电站区和输电线路塔基处。变电站区截水沟一般布设在站址区上游来水汇集处，排水沟一般布设在下游排水区域或作为截水沟的顺接工程，具体布设位置根据地形图确定。输电线路塔基处截水沟一般布设在塔基上游来水汇集处，一般距离线路塔基约 2～3m；排水沟一般布设在下游排水区域或作为截水沟的顺接工程，一般距离线路塔基约 2～3m。

排水沟一般布设在坡面截水沟的两端或者较低一端，用以排除截水沟不能容纳的径流。排水沟在坡面上的比降根据其排水去处的位置而定，当排水出口位置在坡脚时，排水沟大致与坡面等高线正交布设；当排水去处的位置在坡面时，排水沟可基本沿等高线斜交布设。

截（排）水沟出口处可直接接入已有排水沟（渠）内，没有顺接条件的，需与天然沟道进行顺接，顺接部位布设块石防护或修建消力池。

3. 工程量记录表

截（排）水沟及顺接措施工程量记录表见表 2-4。

表 2-4　　　　　　　　截（排）水沟及顺接措施工程量记录表

分区	截（排）水沟		顺接措施（浆砌石消力池）		顺接措施（抛石护坦）	
	材质	工程量（m³）	材质	工程量（m³）	材质	工程量（m³）
站区						
塔基区						
进站道路	钢筋混凝土					

4. 截（排）水沟（雨水）水文计算

（1）雨水设计流量应按式（2-2）和式（2-3）计算：

$$Q_s = q \Psi F \tag{2-2}$$

$$q = \frac{167 A_1 (1 + C \lg P)}{(t + b)^n} \tag{2-3}$$

式中　　Q_s——雨水设计流量，L/s；

　　　　q——设计暴雨强度，L/(s·hm²)；

　　　　Ψ——径流系数（可按表 2-5 的规定取值，汇水面积的平均径流系数按地面种类加权平均计算，综合径流系数可按表 2-6 的规定取值）；

　　　　F——汇水面积，hm²；

　　　　t——降雨历时，min；

　　　　P——设计重现期，a；

A_1、C、n、b——参数，根据不同地区暴雨强度参数确定（一般由水文专业提供）。

表 2-5   径 流 系 数 表

地面种类	Ψ
各种屋面、混凝土或沥青路面	0.85～0.95
大块石铺砌路面或沥青表面处理的碎石路面	0.55～0.65
级配碎石路面	0.40～0.50
干砌砖石或碎石路面	0.35～0.40
非铺砌土路面	0.25～0.35
公园或绿地	0.10～0.20

表 2-6   综 合 径 流 系 数 表

区域情况	Ψ
城市建筑密集区	0.60～0.85
城市建筑较密集区	0.45～0.6
城市建筑稀疏区	0.20～0.45

当有允许排入雨水管道的生产废水排入雨水管道时，应将其水量计算在内。

雨水管渠设计重现期应根据汇水地区性质、地形特点和气候特征等因素确定。同一排水系统可采用同一重现期或不同重现期。重现期一般采用 0.5～3a，重要干道、重要地区或短期积水即能引起较严重后果的地区，一般采用 3～5a，并应与道路设计协调。特别重要地区和次要地区可酌情增减。

（2）清水洪峰设计流量应按式（2-4）计算：

$$Q = 0.278KIF \tag{2-4}$$

式中　Q——最大清水流量，m^3/s；

　　　K——径流系数，取 0.65～0.7；

　　　I——平均 1h 降雨强度，mm/h；

　　　F——山坡集水面积，km^2。

（3）雨水管渠的降雨历时应按式（2-5）计算：

$$t = t_1 + mt_2 \tag{2-5}$$

式中　t——降雨历时，min；

　　　t_1——地面集水时间，视距离长短、地形坡度和地面铺盖情况而定，一般采用 5～15min；

　　　m——折减系数，暗管折减系数取 2，明渠折减系数取 1.2，在陡坡地区暗管折减系数取 1.2～2；

　　　t_2——管渠内雨水流行时间，min。

5. 截（排）水沟（雨水）水力计算

排水管渠的流量应按式（2-6）和式（2-7）计算：

$$Q = Av \tag{2-6}$$

$$Q = AC\sqrt{Ri} \tag{2-7}$$

其中：

$$C = \frac{1}{n} \times R^{\frac{1}{6}}$$

$$v = \frac{1}{n} \times R^{\frac{2}{3}} \times i^{\frac{1}{2}}$$

式中　Q——渠道设计流量，$\mathrm{m^3/s}$；

　　　v——流速，按表 2-7 的规定取值，按表 2-8 的系数调整；

　　　A——渠道有效过水断面面积，按表 2-9 计算；

　　　R——水力半径，按表 2-9 计算；

　　　i——水力坡降，按表 2-10 的规定取值；

　　　n——粗糙系数，按表 2-11 的规定取值。

表 2-7　　　　　　　　　　　　明渠最大设计流速

明渠类别	最大设计流速（m/s）
粗砂或低塑性粉质黏土（亚砂土）	0.8
粉质粘土（亚黏土）	1.0
黏土	1.2
草皮护面	1.6
干砌块石或片石	2.0
浆砌块石、浆砌片石或浆砌砖	3.0
石灰岩和中砂岩	4.0
混凝土	4.0

表 2-8　　　　　　　　　　　　最大允许流速的水深修正系数

水深 $h(\mathrm{m})$	$h<0.4$	$0.4<h<1.0\mathrm{m}$	$1.0<h<2.0\mathrm{m}$	$h\geq 2.0$
修正系数	0.85	1.00	1.25	1.40

表 2-9　　　　　　　　各种沟管的水力半径和过水断面面积 $A(\mathrm{m^2})$ 计算用表

断面形状	断面图	断面面积（A）	水力半径（R）	开挖土石方量（V，每延米工程量）
矩形		$A=bh$	$R=\dfrac{bh}{b+2h}$	$V=b(h+0.2)$
三角形		$A=0.5bh$	$R=\dfrac{0.5b}{1+\sqrt{1+m^2}}$	$V=0.5b(h+0.2)$
三角形		$A=0.5bh$	$R=\dfrac{0.5b}{\sqrt{1+m_1^2}+\sqrt{1+m_2^2}}$	$V=0.5b(h+0.2)$
梯形		$A=0.5(b_1+b_2)h$ $=0.5(hm_1+hm_2+2b_2)h$	$R=\dfrac{0.5(b_1+b_2)h}{b_2+h(\sqrt{1+m_1^2}+\sqrt{1+m_2^2})}$	$A=0.5(b_1+b_2)(h+0.2)$ $=0.5[(h+0.2)m_1+(h+0.2)m_2+2b_2](h+0.2)$
圆形		$A=\dfrac{\pi D^2}{4}$	$R=\dfrac{D}{4}$	根据具体敷设方式、开挖、回填量计算

续表

断面形状	断面图	断面面积（A）	水力半径（R）	开挖土石方量（V，每延米工程量）
半圆形		$A = \dfrac{\pi D^2}{8}$	$R = \dfrac{D}{4}$	根据具体敷设方式、开挖、回填量计算

表 2-10　　　　　　　　　　　　管渠水力坡降值

结构		边坡值
钢筋混凝土管（非满流）	管径 400mm	0.0015
	管径 500mm	0.0012
	管径 600mm	0.0010
	管径 800mm	0.0008
	管径 1000mm	0.0006
	管径 1200mm	0.0006
	管径 1400mm	0.0005
	管径 1500mm	0.0005
塑料管		0.002
其他管		0.003

表 2-11　　　　　　　　　　　　排水管渠粗糙系数

管渠类别	粗糙系数（n）	管渠类别	粗糙系数（n）
UPVC管、PE管、玻璃钢管	0.009～0.01	浆砌砖渠道	0.015
石棉水泥管、钢管	0.012	浆砌块石渠道	0.017
陶土管、铸铁管	0.013	干砌块石渠道	0.020～0.025
混凝土管、钢筋混凝土管、水泥砂浆抹面渠道	0.013～0.014	土明渠（包括带草皮）	0.025～0.030

6. 截水沟断面设计

（1）蓄水型截水沟断面设计。

每道截水沟的容量按式（2-8）计算：

$$V = V_w + V_s \tag{2-8}$$

式中　V——截水沟容量，m^3；

　　　V_w——一次暴雨径流量，m^3；

　　　V_s——1～3 年土壤侵蚀量，m^3。

V_s 的计量单位根据各地土壤的容重，由吨折算为立方米，下同。

其中：V_w 和 V_s 值按式（2-9）和式（2-10）计算：

$$V_w = M_w \times F \tag{2-9}$$

$$V_s = 3M_s \times F \tag{2-10}$$

式中　F——截水沟的集水面积，hm^2；

M_w——一次暴雨径流模数，m^3/hm^2；

M_s——一年土壤侵蚀模数，m^3/hm^2。

根据 V 值计算截水沟断面面积：

$$A_1 = V/L \tag{2-11}$$

式中　A_1——截水沟断面面积，m^2；

　　　L——截水沟长度，m。

截水沟采用半挖半填方式做成梯形断面，其断面要素、常用数值如表 2-12 所示。

表 **2-12** 　　　　　　　　　　　　截水沟断面要素常用数值

沟底宽 B_d(m)	沟深 H(m)	内坡比 m_1	外坡比 m_0
$0.3 \sim 0.5$	$0.4 \sim 0.6$	$1:1$	$1:1.5$

（2）排水型截水沟断面设计有以下两种情况，分别采取不同断面。

1）多蓄少排型。暴雨产生的坡面径流大部分蓄于沟中，只排除不能容蓄的小部分。断面尺寸基本上参照蓄水型截水沟，沟底应取 1％左右的比降。

2）少蓄多排型。暴雨产生的坡面径流小部分蓄于沟中，大部分排入蓄水池。断面尺寸基本上参照排水沟的断面设计，同时应取 2％左右的比降。

7. 排水沟断面设计

根据设计频率暴雨坡面最大径流量，按明渠均匀流公式（2-12）计算排水沟断面面积：

$$A_2 = \frac{Q}{C\sqrt{Ri}} \tag{2-12}$$

式中　A_2——排水沟断面面积，m^2；

　　　Q——设计坡面最大径流量，m^3/s；

　　　C——谢才系数；

　　　R——水力半径，m；

　　　i——排水沟比降。

其中：Q 值按式（2-13）计算：

$$Q = F/6(I_r - I_p) \tag{2-13}$$

式中　Q——设计最大流量，m^3/s；

　　　I_r——设计频率 10min 最大降雨强度，mm/min；

　　　I_p——相应时段土壤平均入渗强度，mm/min；

　　　F——坡面汇水面积，hm^2。

R 值按式（2-14）计算：

$$R = A_2/x \tag{2-14}$$

式中　R——水力半径，m；

　　　A_2——排水沟断面面积，m^2；

　　　x——排水沟断面湿周，m。

C 值按式（2-15）计算：

$$C = \frac{1}{n}R^{1/6} \tag{2-15}$$

式中　n——糙度，土质排水沟一般取 0.025 左右。

2.2.2　施工说明

2.2.2.1　材料要求

1. 明渠

（1）工程所用的建筑材料应符合设计要求，石料应选用中风化以上的岩石，块石的重度≥26.5kN/m³。

（2）对于护面浆砌块石，块石强度等级为 MU40、水泥砂浆强度等级为 M10，并用 M15 水泥砂浆勾缝。

（3）水泥：采用不低于 42.5 的普通硅酸盐水泥。

（4）砂：采用天然中粗砂，但须注意洁净程度，不宜含较多尘屑和云母，杂质含量不超过 5%。

（5）浆砌块石护面每隔 20m 留一道伸缩缝，缝宽 20mm。内设 20mm 厚沥青木丝板，并用 M15 水泥砂浆封口，厚度不小于 30mm。

（6）在距离沟底 500mm 的坡面处，每隔 2m 设置一个 ϕ50mm 的 PVC 排水管，排水管里端管口用 400g/m 无纺土工布绑扎封口。

2. 排水暗涵

（1）混凝土：强度等级为 C30，抗渗等级为 W6，水泥采用普通硅酸盐水泥，水泥熟料中铝酸三钙的含量不宜大于 8%。

（2）钢筋：1.ϕ 为 HPB 钢，强度设计值为 210MPa；ϕ 为 HRB 钢，强度设计值为 300MPa。

（3）混凝土保护层厚度为 35mm。

2.2.2.2　施工技术要求

1. 明渠

（1）沟道边坡开挖：边坡开挖的坡度不得大于设计坡度 1∶1.5。

（2）沟道回填土：回填土采用现场粉质黏土，不得使用淤泥、耕植土及有机物含量大于 5% 的土，分层夯实，每层厚度 200~300mm。夯实时的含水量应接近最佳含水量，压实系数不小于 0.94。

（3）沟道护面：采用浆砌块石护面时，浆砌块石厚度 400mm。砌筑前，应在砌体外将石料上的泥垢冲洗干净，砌筑时保持砌石表面湿润。应采用坐浆法分层砌筑，砌缝需用砂浆填充饱满，不得无浆直按贴靠，严禁先堆砌石块再用砂浆灌缝；勾缝前必须清缝，用水冲净并保持缝槽内湿润，砂浆应分次向缝内填塞密实；应按实有砌缝勾平缝，严禁勾假缝、凸缝；砌筑完毕后应保持砌体表面湿润并做好相关养护。

2. 排水暗涵

（1）地基处理设计要求暗涵基础坐落在承载力特征值不小于 200kPa 的地基上，如局部地段的基底以下存在填土、软土等，应予彻底清除，然后回填开山石（<100kg），并采用机械碾压密实。硬塑粉质黏土、稍密漂石层可作为持力层。

（2）横向受力钢筋接长均要求采用焊接或机械连接，纵向分布钢筋可采用搭接，搭接长度为 40d（d 为钢筋直径）；钢筋锚固长度为 40d。

（3）90°转弯的钢筋，其弯曲半径 R 不小于 2d。

（4）焊条采用 E50，均为满焊，焊缝高度为 6mm。

（5）施工缝。排水暗涵设水平施工缝，不允许设垂直施工缝，水平施工缝的位置距离管底 500mm 处。水平施工缝中间可设凹槽或膨胀止水条。施工缝表面应凿毛，在继续浇筑混凝土之前用水冲洗干净。

（6）伸缩缝。排水暗涵每隔一定长度设置一道伸缩缝，缝宽 20mm，中间设橡胶止水带。

伸缩缝要求安装 300mm（宽）×ϕ20mm（内径）×8mm（厚）的橡胶止水带，止水带的技术性能指标见表 2-13。

表 2-13 　　　　　　　　　　　　　止水带技术性能指标

拉伸强度（MPa）	不小于 18
在扯断时的伸长率（%）	不小于 450
邵氏硬度	60±5
永久变形（%）	<20
撕裂强度（N/mm）	不小于 35

（7）回填。

回填土料采用现场挖方土料，粒径大于 50cm 的块石应予清除，也可采用中粗砂或石粉作为回填料。回填土时要求管沟两侧同时进行，并保持相同的回填高程，严禁单侧回填。要求分层夯实，压实系数不小于 0.92。

检验沟渠设计是否合理需满足以下两个条件：

① 截（排）水沟的排水能力不小于设计流量。

② 沟渠水流速度 v 不小于防淤流速，且不大于沟渠的冲刷流速，若流速小于产生淤积的流速，则应增大沟渠的纵坡，以提高流速。反之，则应采取加固措施，或设法减小纵坡以降低流速。

特高压工程截（排）水沟设计一般按照 10 年一遇 24h 最大降雨量作为暴雨特征值设计。型式根据实际需要可选用梯形和矩形断面，断面尺寸按照上述公式进行验算求得。截（排）水沟底层需要铺设砂砾垫层，垫层厚度一般为 20～30cm。

2.3　拦　挡　工　程

拦挡工程一般是横亘于侵蚀沟谷，拦挡山洪、泥沙和泥石流的建筑物。生产建设项目在基建施工和生产运行中造成的大量弃土、弃石、弃渣、尾矿和其他废弃固体物，也需要修建拦挡工程专门存放，主要包括拦渣坝、挡土墙、拦渣堤、贮灰场和尾矿坝等。本节主要介绍与输变电工程有关的挡土墙、堡坎、拦渣坝、拦渣堤四种拦渣工程的有关内容。

2.3.1　挡土墙

本丛书所列挡土墙设计不包括防浪墙设计、抗震防裂度为 7（0.15g）、8（0.2g）度以上的挡渣墙设计。

2.3.1.1　基本说明

（1）符号说明见表 2-14。

表 2-14   符 号 说 明

符号	说明	符号	说明
q_k	可变均布荷载标准值（kPa）	η	地震角（°）
P_a	挡土墙主动土压力（kN/m）	δ	填料与墙背间的摩擦角（°）
E_E	挡土墙地震主动动土压力（kN/m）	θ	通过墙踵垂直面和破裂面的夹角（°）
F_k	地震水平作用（kN/m）	μ	土对挡土墙基底的摩擦系数
P_1	无筋扩展基础墙趾处压力（kPa）	m_1	墙面倾斜度（垂直高度为1的水平宽度值）
P_2	无筋扩展基础墙踵处压力（kPa）	m_2	墙背倾斜度（垂直高度为1的水平宽度值）
P_k	扩展基础基底均布压力（kPa）	m_p	路堑墙顶部边坡坡度（垂直高度为1的水平宽度值）
f_{ak}	地基承载力特征值（kPa）	H	挡土墙高度（从挡土墙踵底部算起）（mm）
f_a	修正后的地基承载力特征值（kPa）	b	挡土墙墙顶宽度（mm）
φ	填料内摩擦角（°）	B_d	无筋扩展基础基底宽度（mm）
h_j	无筋扩展基础台阶高度（mm）	K_s	抗滑稳定性系数
b_j	无筋扩展基础台阶宽度（mm）	K_t	抗倾覆稳定性系数
b_p	路堤墙顶部的边坡宽度（mm）	V	每延米挡土墙的砌体体积（m³/m）
h_n	无筋扩展基础基底逆坡高度（mm）	V_c	每延米钢筋混凝土体积（m³/m）
h_p	路堤墙顶部的边坡高度（mm）	n	基底逆坡坡度（水平宽度为1的垂直高度值）

（2）术语图示见图 2-5。

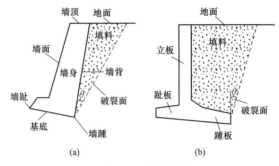

图 2-5　术语图示

（a）重力式挡土墙；（b）悬臂式挡土墙

（3）常用挡土墙结构形式名称及代号见表 2-15。

表 2-15   常用挡土墙结构形式名称及代号

代号	结构形式名称	代号	结构形式名称
YJA	仰斜式路肩墙 A	YJB	仰斜式路肩墙 B
YT	折背式路堤墙	YQ	折背式路堑墙
ZJA	直立式路肩墙 A	ZJB	直立式路肩墙 B
ZT	直立式路堤墙	ZQ	直立式路堑墙
FJA	俯斜式路肩墙 A	FJB	俯斜式路肩墙 B
FTA	俯斜式路堤墙 A	FTB	俯斜式路堤墙 B
HJA	衡重式路肩墙 A	HJB	衡重式路肩墙 B
XJA	悬臂式路肩墙 A	XJB	悬臂式路肩墙 B
XTA	悬臂式路堤墙 A	XTB	悬臂式路堤墙 B

（4）常用挡渣墙结构类型及主要技术条件。土质地基上挡渣墙的结构型式可根据地质条

件、挡土高度和建筑材料等，经技术经济比较确定。

1）在中等坚实地基上，挡土高度在 8m 以下时，宜采用重力式、半重力式或悬臂式结构；挡土高度在 6m 以上时，可采用扶壁式结构；当挡土高度较大且地基条件不能满足上述结构型式要求时，可采用空箱式或空箱与扶壁组合式结构。

2）采用重力式挡墙时，土质边坡高度不宜大于 8m，岩质边坡高度不宜大于 10m。对变形有严格要求的边坡和开挖土石方危及边坡稳定的边坡不宜采用重力式挡墙，开挖土石方危及相邻建筑物安全的边坡不应采用重力式挡墙。

重力式挡墙类型应根据使用要求、地形和施工条件综合考虑确定，对岩质边坡和挖方形成的土质边坡宜采用仰斜式，高度较大的土质边坡宜采用衡重式或仰斜式。

在松软地基上，宜采用空箱式结构，也可采用板桩式结构。当采用板桩式挡土墙时，可根据土质条件和施工方法选用打入式或现浇式（地下连续墙）墙体，并可根据稳定要求选用无锚碇墙或有锚碇墙的结构。

3）在坚实地基和人工加固地基上，挡土墙的结构型式可不受挡土高度的限制，但应考虑材料特性的约束条件。

4）在稳定的地基上建造挡土建筑物时，可采用加筋式挡土墙结构。加筋式挡土墙的墙面宜采用带企口的预制混凝土块砌筑，但应妥善处理好墙面结构的防渗或导滤问题，并可根据墙后填土的潜在破坏面的形状选用刚性筋式或柔性筋式，前者采用加筋带或刚性大的土工格栅，后者采用土工织物。

5）8 度及 8 度以上地震区的挡土墙不宜采用砌石结构（本书中的设计不包括 8 度以上挡墙设计）。岩石地基上挡土墙结构型式应考虑地基及材料特性的约束条件。

2.3.1.2 设计计算

1. 稳定性分析

（1）抗滑稳定性计算。抗滑稳定可用式（2-16）计算：

$$K_s = (W + P_{ay})\mu / p_{ax} \qquad (2\text{-}16)$$

式中 K_s——最小抗滑安全系数，$K_s \geqslant 1.3$；

W——墙体自重，kN；

P_{ay}——主动土压力的垂直分力，$P_{ay} = P_a \sin(\delta + \varepsilon)$，kN；

μ——基底摩擦系数，由试验确定或参考表 2-16；

P_{ax}——主动土压力的水平分力，$P_{ax} = P_a \cos(\delta + \varepsilon)$，kN；

P_a——主动土压力，kN；

δ——墙摩擦角；

ε——墙背倾斜角度。

表 2-16　　　　　岩土对挡土墙基底摩擦系数

地基土类别及其状态		摩擦系数 μ
黏性土	可塑	0.20～0.25
	硬塑	0.25～0.30
	坚硬	0.35～0.45
粉土	$S_r \leqslant 0.5$	0.30～0.40

地基土类别及其状态		摩擦系数 μ
中砂、粗砂、砾砂		0.40～0.50
碎石土		0.40～0.50
软质岩石		0.40～0.55
表面粗糙的坚硬岩、较硬岩		0.65～0.75

若演算结果不满足 $K_s \geq 1.3$，则应采取以下措施加以解决：

1）修改挡土墙的断面尺寸，加大墙体自重；

2）在挡土墙底面铺沙、石垫层，加大基底摩擦系数；

3）将挡土墙底做成逆坡，利用滑动面上部分反力抗滑；

4）如在软土地基上，其他方法无效或不经济时，可在墙踵后加筑拖板，利用托板上的渣重增加抗滑力，托板与挡土墙之间用钢筋连接。

（2）抗倾覆稳定分析。挡土墙在满足 $K_s \geq 1.3$ 的同时，还须满足抗倾覆稳定性要求，即对墙趾 O 点取力矩，采用式（2-17）计算：

$$K_t = (Wa + P_{ay}b')\mu / P_{ax}h \tag{2-17}$$

式中　K_t——最小安全系数，$K_t \geq 1.5$；

　　Wa——墙体自重 W 对 O 点的力矩，kN·m；

　　$P_{ay}b'$——主动土压力的垂直分力对 O 点的力矩，kN·m；

　　$P_{ax}h$——主动土压力的水平分力对 O 点的力矩，kN·m；

　　a——W 对 O 点的力臂，m；

　　b'——P_{ay} 对 O 点的力臂，m；

　　h——P_{ax} 对 O 点的力臂，m。

若演算结果不满足 $K_t \geq 1.5$，则应采取以下措施加以解决：

1）加大 W，即增加工程量；

2）加大 a，可增设前趾，当前趾长度大于厚度时，应配钢筋；

3）减小渣压力，墙背做成仰斜，但施工要求较高。

（3）地基承载力验算。基底应力应小于地基承载力。地基允许承载力通过试验或参考有关设计手册确定。基底应力采用偏心受压公式（2-18）和式（2-19）计算：

$$f_{yu} = \sum W/B + 6\sum M/B^2 \tag{2-18}$$

$$f_{yd} = \sum W/B - 6\sum M/B^2 \tag{2-19}$$

式中　f_{yu}，f_{yd}——水平截面上的正应力，kN/m²；

　　$\sum W$——作用在计算截面以上的全部荷载的铅直分力之和，kN；

　　$\sum M$——作用在计算截面以上的全部荷载对截面形心的力矩之和，kN·m；

　　B——计算截面的长度，m。

软质墙基最大应力 σ_{max} 与最小应力 σ_{min} 之比，对于松软地基应小于 $1.5 \sim 2$，对于中等坚硬、紧密的地基则应小于 $2 \sim 3$。

通过对表 2-15 所列 10 种类型挡土墙的设计计算，可根据非抗震和抗震烈度为 6（$0.05g$）、7（$0.1g$）度地区的截面尺寸、墙体工程量、扩展基础工程量、设计参数等，均汇总成表，可根据工程需要选取。

2. 基础处理及其他

（1）基础埋置深度。根据地质条件确定基础埋置深度，一般应在冻土层深度以下，且不小于0.25m。当地质条件复杂时，通过挖探或钻探确定基础埋置深度。埋置最小深度见表2-17。

表 2-17   重力式挡土墙基础最小埋置深度

底层类别	埋入深度（m）	距斜坡地面水平距离（m）
较完整的硬质岩层	0.25	0.25～0.5
一般硬质岩层	0.6	0.6～1.5
软质岩层	1.0	1.0～2.0
土层	≥1.0	1.5～2.5

（2）伸缩沉陷缝。根据地形地质条件、气候条件、墙高及断面尺寸等设置伸缩缝和沉陷缝，防止因地基不均匀沉陷和温度变化引起墙体裂缝。设计和施工时，一般将二者合并设置，沿墙线方向每隔10～15cm设置一道缝宽2～3cm的伸缩沉陷缝，缝内填塞沥青麻絮、沥青木板、聚氨酯、胶泥或其他止水材料。

（3）清基。施工过程中必须将基础范围内风化严重的岩石、杂草、树根、表层腐殖土、淤泥等杂物清除。

（4）墙后排水。当墙后水位较高时，应将渣体中出露的地下水以及由降水形成的渗透水流及时排除，有效降低墙后水位，减小墙身水压力，增加墙体稳定性，应设置排水孔等排水设施，排水孔出口应高于墙前水位。

排水管可沿墙体高度方向分排布置，排水管间距不宜大于3.0m。排水管宜采用直径50～80mm的管材，从墙后至墙前应设不小于3‰的纵坡，排水管后应设级配良好的滤层及集水良好的集（排）水体。

2.3.1.3　典型设计图及实例照片

挡土墙典型设计图见图2-6。挡土墙实例照片参见附录4。

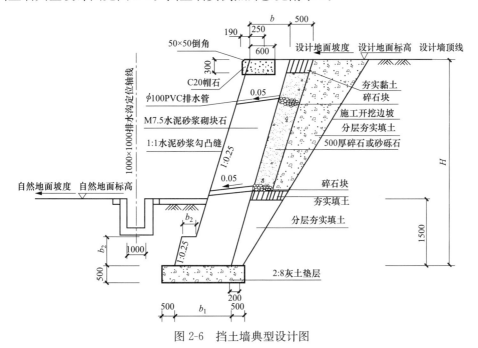

图 2-6　挡土墙典型设计图

2.3.1.4 施工要求

1. 技术要求

(1) 施工前先做好场地排水。

(2) 块、条石挡墙墙顶宽度不宜小于 400mm，素混凝土挡墙墙顶宽度不宜小于 300mm。当挡墙墙后地面的横坡坡度大于 1：6 时，应进行地面粗糙处理后再填土。在土质地基中，挡土墙埋植深度不得小于 0.5～0.8m（挡墙较高时取大值，反之取小值），在岩质地基中，挡土墙埋植深度不得小于 0.3m。墙趾部的土层厚度不小于 200mm。条石、块石挡土墙每隔 20～25m，素混凝土挡土墙每隔 10～15m 设置一道沉降缝兼伸缩缝，缝宽 20～30mm；缝内沿墙的内、外、顶三边填塞沥青麻筋或其他有弹性的防水材料，塞入深度不小于 150mm。在墙的拐角处，适当加强构造措施。

(3) 墙身泄水孔孔眼直径为 $\phi100$、间距为 3000mm。反滤层下垫 30cm 黏土层，须夯实通长分布。泄水孔附近用具有反滤作用的粗颗粒材料覆盖，以免淤塞。为防墙前积水渗入基础，应将墙前的回填土分层夯实。

(4) 材料要求。石料容重不小于 $22kN/m^3$，应具有足够抵抗温度变化的性能，软化系数不小于 0.75。挡墙后面的填土应优先选择透水性较强的填料。当采用黏性土做填料时，应掺入适量的碎石，不应采用淤泥、耕植土、膨胀性黏土等软弱有害的岩土体作为填料。

(5) 砂浆水泥比必须符合设计要求，填缝必须紧密，灰浆应填塞饱满；不宜用易于风化的石料或未经凿面的大乱石砌墙；需待砌浆强度达到 70% 以上，方可回填墙后填料，并使墙后填料内摩擦角、容重等符合设计要求。

(6) 墙基如位于斜面上，且坡度大于 5% 时，应筑成台阶形。

(7) 墙背 5m 范围内的回填除了满足回填技术要求外，还要满足下列特殊要求：

1) 回填土最大粒径不大于 150mm；

2) 压缩系数不小于 0.93；

3) 该范围内严禁采用大型机械碾压，应采用小型设备碾压。

(8) 挡土墙外露面用水泥砂浆勾缝，墙顶用细石混凝土找平。

(9) 挡土墙以墙面顶点线为定位线，挡土墙外露尺寸根据现场实际情况，统一取挡土墙顶部宽度的最小值。

2. 施工步骤

(1) 利用全站仪对工程所处位置原地面进行复测，根据设计图纸进行测量放线，测出挡土墙起始桩号断面建基面高程，打桩标明其轮廓。记录测量结果并报业主审批，经业主批准后，进行挡土墙基础的开挖及边坡的开挖修整。

(2) 测量资料经业主批准后，根据挡土墙断面形式、高度、起始桩号、边坡坡比等情况合理采用反铲并配合人工进行挡墙基础的土石方开挖。挡土墙的基础设在土质地基上，开挖至天然地面下不小于 1.0m 处。在岩石上，清除表面风化层，当墙址前地面横坡度较大，其襟边宽度取 1.0～2.0m。沿挡土墙长度方向有纵坡时，挡土墙的基础做成不大于 5% 的纵坡；纵坡较陡时，可沿纵向做成台阶，台阶的高宽比不大于 2：1，台阶宽度不小于 50cm。在松散坡积土层上砌筑挡土墙时，不宜整段开挖，采用挖马口的分段开挖方式。如遇到孤石，则采用风钻钻爆，人工配合反铲出碴。适于填筑的开挖料运至填方段填筑，不合格的料运至弃碴场。

（3）砌筑用砂浆集中拌制，用10t自卸车运输到施工作业区，再由人工用手推车和橡胶桶运输。

（4）浆砌块石采用座浆法分层砌筑，铺浆厚度为3～5cm，随铺浆随砌石。

（5）砌筑时，块石分层卧砌，上下错缝，内外搭砌，砂浆捣捣密实，较大块石缝先填砂浆再填碎石塞实。

（6）浆砌块石外露面和挡土墙的临土面均勾缝，勾缝保持块石砌合的自然接缝，力求美观、匀称、块石形态突出、表面平整。

（7）砌筑因故停顿，砂浆超过初凝时间，则待砂浆强度达到1.5MPa后方可继续施工。在继续砌筑前，凿除水泥砂浆乳皮，清除杂物，冲洗干净，先铺一层水泥砂浆，再分层砌筑。

（8）墙身砌出地面后，及时回填基坑，采用冲击夯夯实，做成不小于5%的向外流水坡。

（9）砌体外露面在砌筑后12～18h内养护，养护时间不小于14天，并经常保持外露面湿润。

3. 施工工艺流程

施工工艺流程见图2-7。

图 2-7　挡土墙施
工工艺流程图

2.3.1.5　**工程量记录表**

挡土墙工程量记录表模板见表2-18。

表 2-18　　　　　　　　挡土墙工程量记录表模板

分区	浆砌石挡土墙（m³）	混凝土挡土墙（m³）
塔基区		
进站道路区		

2.3.2　**堡坎**

当基础临空面边坡陡峭，土体易于崩塌，或长短腿之间斜坡因基础根开过小而无法放坡，或塔位受线路走廊限制，对于稳定性较差的地段，坡度过陡，均需砌筑挡土墙或堡坎。

由于输电线路工程距离长、塔位分散，单个基础开挖产生的弃渣量较小，因此，对于基础开挖产生的弃渣，一般采取就近处置的方式。对于山地丘陵地区塔基础开挖的弃渣，首先用于塔座基面四周的平整；当铁塔位于山包，四周为陡坡时，降底基面与基坑开挖的土石方无法就地堆稳时，应在堆土的下方修一道挡土墙或堡坎，将弃土放入其内，避免弃土流失山下影响生态环境。

1. 平地段

对于农田中塔位，弃土就地消纳，但堆土高度不宜超过0.5m，且不能影响耕作。

对于非农田中塔位，弃土可全部就地消纳，必要时可砌筑堡坎，施工结束后要求播撒草籽以恢复原始植被。

2. 丘陵、山地段

（1）岩石类地质条件。

地形坡度小于10°时，现场测算弃土工程量（出图阶段再计算实际弃土工程量），计算出基础的外露高度，在确保基顶面出露至少 0.2m 且场地不积水的情况下，将弃土在塔基范围内堆放成龟背形（堆放土石边缘按 1：1.5 放坡），如图 2-8 所示。

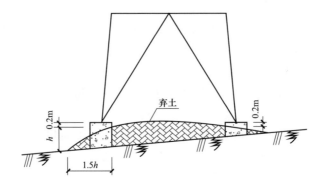

图 2-8　塔位地形坡度小于 10°时的弃土处理方式

地形坡度为 10°～15°时，同样需现场测算弃土工程量，计算出基础的外露高度。在塔位下边坡设置弃土堡坎，将弃土堆放在塔基范围内，确保基础顶面出露至少 0.2m，且场地不得积水，如图 2-9 所示。此类塔位的施工必须先修筑弃土挡土墙或堡坎（挡土墙或堡坎必须满足在基岩内的嵌固深度且自身稳定），之后方可进行基面平整、基坑开挖等土石方工程施工。

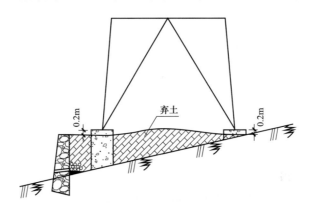

图 2-9　塔位地形坡度在 10°～15°时的弃土处理方式

对于地形坡度为 15°～25°的塔位，应会同岩土专业对塔位附近的地形进行仔细勘察，尽量在塔位附近选择恰当的位置设置弃土堡坎（堡坎必须满足在基岩内的嵌固深度且自身稳定），将弃土堆放到堡坎内，如图 2-10 所示。如果塔位附近没有合适的位置，则需将弃土外运至较远处的适当位置。此类塔位的施工必须先修筑挡土墙或弃土堡坎，完成后方可进行塔基平整、基面开方、基坑开挖等土石方工程的施工，将弃土随挖随运到挡土墙或弃土堡坎内堆放。挡土墙或弃土堡坎应设置在塔位下方或侧方，不得设置在塔位上方。设置挡土墙或弃土堡坎的位置地形坡度不宜超过 25°，基岩浅且完整性好的情况下地形坡度不宜超过 30°。挡土墙或弃土堡坎外露高度一般不超过 2m，基岩浅且完整性好的位置在保证堡坎与地基的嵌固深度及其稳定性的情况下，可外露到 3m。

地形坡度大于 25°的塔位，不宜在塔位周围 30m 范围内堆放弃土。应会同地质专业在塔位下方或侧面 30～100m 范围内选择地形坡度 25°以下、合适的位置设置弃土堡坎堆放弃土。

若塔位下方或侧面100m范围内无合适修筑堡坎堆放弃土的位置，应将弃土及时外运至更远处适合堆放的位置。

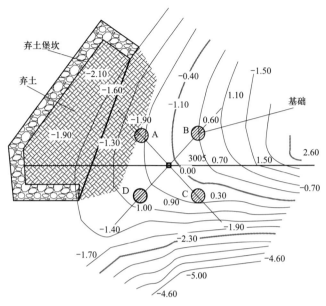

图 2-10　在塔位附近设置堡坎堆放弃土

（2）黏性土、黄土类地质条件。

对于场地开阔、坡度在20°以内的塔位，可将弃土在塔基范围内平摊堆放，并在施工结束后恢复原始植被。

对于地形坡度为20°～30°的塔位，尽量在塔位附近选择恰当的位置设置弃土堡坎（堡坎必须满足在原状土内的嵌固深度且自身稳定），将弃土堆放到堡坎内，并在施工结束后恢复原始植被。

对于地形坡度超过30°的塔位，应将弃土及时外运至远离塔位的适合位置处堆放。

2.3.3　拦渣坝

拦渣坝是在沟道中修建的拦蓄固体废弃物的建筑工程。在沟道中堆置弃土、弃石、弃渣、尾矿时，必须修建拦渣坝（尾矿库），可有效地拦蓄弃土弃渣，避免淤塞河道，减少入河入库泥沙，防止引发山洪、泥石流。因此，科学合理地修建拦渣坝是生产建设项目有效控制水土流失的重点。

2.3.3.1　坝址选择

为充分发挥拦渣坝拦蓄渣土的作用，拦渣坝坝址的选择应符合以下条件：

（1）坝址应位于渣源下游，其上游汇水面积不宜过大；

（2）坝口地形要口小肚大，工程量小，库容大，河（沟）谷地形平缓，河（沟）床狭窄，有足够的库容拦挡洪水、泥沙和废弃物；

（3）两岸地质地貌条件适合布置溢洪道、放水设施和施工场地，坝址要选在岔沟、弯道下方和跌水的上方，坝端不能有急流洼地和冲沟；

（4）坝址附近有良好的筑坝材料，且采运容易，水源条件能满足施工要求；

（5）坝基宜为新鲜岩石或紧密的土基，无断层破坏带和地下水出露，地质构造稳定，土质坚硬，两岸岸边不能有疏松的塌积、陷穴、泉眼等；

（6）排废距离近，库区淹没损失小，废弃物的堆放不会增加下游河（沟）道淤积，不影响河道的行洪和下游的防洪。

2.3.3.2　坝型选择

主要根据拦渣的规模和当地的建筑材料来选择坝型，一般有土坝、干砌石坝、浆砌石坝等。

1. 土坝

工程上最常用的是均质土坝，即整个坝体都是用同一种透水性较小的土料筑成。其优点是构造简单，便于施工，能适应地基变形。

（1）坝顶宽度和坝坡比。坝顶宽由坝高和施工方法确定；坝坡比指坡面的垂直高度和水平宽度的比。

（2）马道。坝高超过 20m 时，从下向上每隔 10m 坝高应设置一条宽 1.0～1.5m 的马道。

2. 浆砌石坝

浆砌石坝适用于石料丰富的地区，可以就地取材，抗冲能力大，坝顶可以溢流，不必在两岸另建溢洪道，便于施工。坡度比土坝陡，地基要求高，施工比土坝复杂。

浆砌石坝由溢流段和非溢流段组成。浆砌石坝依靠自身重力维持抗滑稳定，坝顶宽度满足交通需求即可。浆砌石坝坝体内设置排水管。在坝的两端，为防止沟壁的崩塌，必须加设边墙。

3. 干砌石坝

干砌石坝适宜在沟道较窄、石料丰富的地方修建；其断面为梯形。坝体用块石交错堆砌而成，坝面用大平板或条石砌筑。

4. 土石混合坝

土石混合坝的坝址附近土料丰富，并且要有一定的石料。

坝的断面尺寸：坝高 10m 时，上坡 1∶1.5～1∶1.75；下坡 1∶1.25～1∶2.5，顶宽 2～3m。

坝身用土和石渣填筑，坝顶和下游坡面用浆砌石砌筑，上游坡设置黏土隔水斜墙。

2.3.3.3　拦渣坝稳定性被破坏的典型原因

拦渣坝在外力作用下发生破坏，一般有以下几种情况：

（1）抗滑稳定破坏。

（2）在水平推力和坝下渗透压力的作用下，坝体绕下游坝址的倾覆破坏。

（3）坝体强度不足以抵抗相应的应力，发生拉裂或压碎。

坝体的稳定分析同 GB 51247—2018《水工建筑物抗震设计规范》，只是加了所拦泥沙和弃渣的侧压力。

2.3.3.4　拦渣坝排洪建筑物

（1）土坝。土坝要尽量利用天然有利地形，溢洪道两岸山坡要比较稳定，尽量直线布置。土坝主要有明渠式和溢流堰式两种。在红胶土和岩石上开挖明渠，一般不需要做砌护工程。

（2）浆砌石坝。浆砌石坝上的溢洪道要尽可能采取坝顶溢流堰溢流的方式。

2.3.4　拦渣堤

拦渣堤是指修建于沟岸或河岸的，用以拦挡建设项目基建与生产过程中排放的固体废弃物和建筑物，兼有拦渣和防洪两种功能的建筑工程。

依据修筑位置不同，拦渣堤可分为沟岸拦渣堤（要求较低）和河岸拦渣堤。

拦渣堤防洪标准及设计要求可参考防洪堤有关内容。

2.4　工　程　护　坡

护坡是指为了防止边坡受冲刷，在坡面上所做的各种铺砌和栽植。

工程护坡主要有削坡开级、削坡反压、砌石护坡、混凝土护坡和喷锚护坡工程等。削坡开级工程的主要作用是防止中小规模的土质滑坡和岩质斜坡崩塌。当斜坡高度较大时，削坡应分级留出平台。削坡反压工程是在滑坡体前面的阻滑部分堆土加载，以增加强抗滑力。为防止崩塌，也可在坡面修筑护坡工程进行加固，这比削坡节省投资，速度快。

2.4.1　工程护坡设计基本原则

（1）根据非稳定边坡的高度、坡度、岩层构造、岩土力学性质、坡脚环境和行业防护要求等，分别采用不同的措施；

（2）应根据调查研究和分析论证，做到既符合实际，又经济合理；

（3）稳定分析是护坡工程设计的最关键问题，大型护坡工程应保证稳定；

（4）护坡工程应考虑植被恢复和重建。

2.4.2　典型设计图

护坡工程典型设计图及实例见图2-11～图2-15。

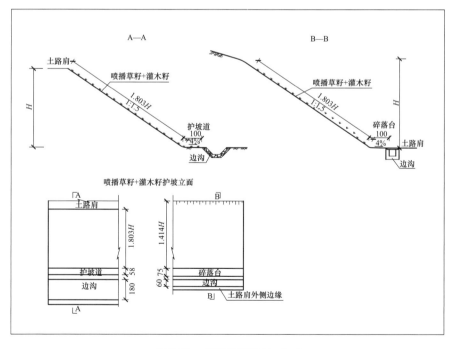

图2-11　护坡典型设计（一）

护坡工程实例照片参见附录4。

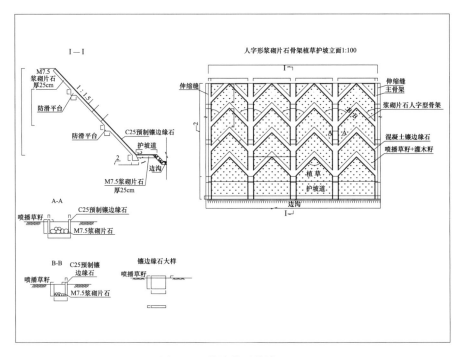

图 2-12　护坡典型设计（二）

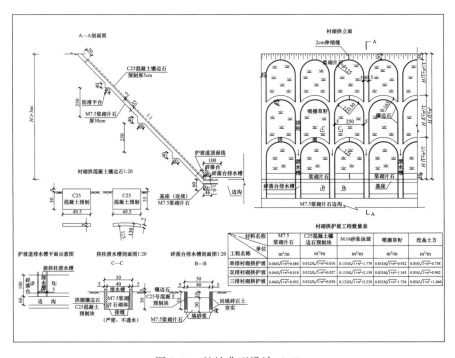

图 2-13　护坡典型设计（三）

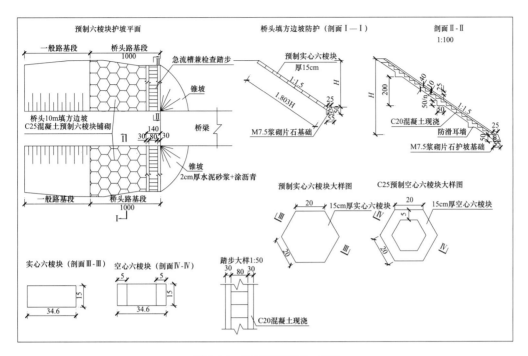

图 2-14　护坡典型设计（四）

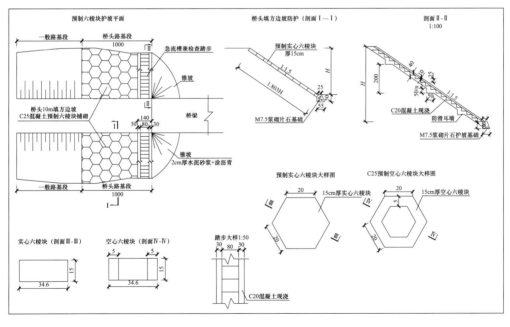

图 2-15　护坡典型设计（五）

2.4.2.1　削坡开级

（1）削坡。削掉非稳定边坡的部分岩土体，以减缓坡度，削减助滑力，从而保持坡体稳定。

（2）开级。通过开挖边坡、修筑阶梯或平台，达到相对截短坡长，改变坡型、坡度和坡比，降低荷载重心，维持边坡稳定的目的。

削坡和开级为两种不同的护坡措施，可以单独使用，也可合并使用，主要用于防止中小规模的土质滑坡和实质崩塌。

1. 土质边坡的削坡开级

土质边坡的削坡开级有四种形式：直线形、折线形、阶梯形、大平台形。

（1）直线形是从上到下对边坡整体削坡（不开级），是减缓边坡坡度，并成为具有同一坡度的稳定边坡的削坡方式。适用于高度小于20m、结构紧密的均质土坡或高度小于12m的非均质土坡。

（2）折线形仅对上部削坡，保持上缓下陡。适用于高度12～20m，结构比较松散的土坡，尤其适用于上部结构松散、下部结构紧密的土坡。

（3）阶梯形对非稳定边坡进行开级，使之成为台、坡相间分部的稳定边坡。对于陡直边坡，可以先削坡，再开级。适用于12m以上结构松散土坡，或20m以上结构紧密的均质土坡。

（4）大平台形是在边坡中部开出宽4m以上的大平台，以达到稳定边坡的目的。适用于高度大于30m，或在8°以上高烈度地震区的土坡。

2. 石质边坡的削坡开级

适用于坡度陡直或坡型呈凸型、荷载不平衡，或存在软弱交互岩层且岩层走向沿坡体下倾的非稳定边坡。一般只削坡，不开级，但要留齿槽。

3. 坡脚防护

在坡脚处修筑挡土墙予以保护，还应在距坡脚1m处开挖防洪排水沟。

4. 坡面防护

采取植物措施防护，平台上和坡面上不同。

2.4.2.2 工程护坡

对堆置固体废弃物或山体不稳定的地段，或坡脚易遭受水流冲刷的地方，应采取工程护坡。可保护边坡，防止风化、碎石崩落、崩塌和浅层小滑坡。具有省工、速度快的优点，但投资高。

工程护坡的具体措施有勾缝、抹面、捶面、喷浆、锚固、喷锚、干砌石、浆砌石、抛石、混凝土砌块等。

（1）浆砌石。浆砌石护坡坚固，适用于多种情况，但造价高。

浆砌石护坡一般应设置反滤层，但如果坡面是砂、砾、卵石则不用设置；浆砌石材料应为坚固的岩石，有缺陷的不应采用；对横坡较长的浆砌石护坡，应沿着横坡方向每隔10～15m设置伸缩缝，并用沥青或木板填塞。

（2）石笼抛石护坡。对较陡、坡脚易受洪水淘刷，流速大于5m/s的坡段，应采用石笼护坡。但坡脚有滚石的坡段，不得采用此法。

笼子材料根据当地情况选择；石笼从坡脚开始，品字形错开，并在坡脚打桩；石笼的铺设厚度不得小于0.4～0.6m；石笼护坡的坡度不应小1∶1.5～1∶1.8。

（3）草袋抛石护坡。适宜于坡脚不受洪水淘刷，边坡陡于1.0∶1.5的坡段。坡下有滚石的坡段，不得采用此法。

2.4.2.3 混凝土护坡

在边坡极不稳定、坡脚可能遭受强烈洪水冲淘的较陡坡段，应采用混凝土或钢筋混凝土护坡，必要时加锚固定。

不同坡度和高度的坡面，砌块的尺寸要符合规定要求；当坡面涌水较大时，要设置反滤层；有效防水可设置盲沟。

1. 混凝土护坡的基本要求

（1）混凝土强度等级。根据坡面可能遭受洪水冲刷的强烈程度选用不同的混凝土强度等级，一般冲刷得强烈程度越严重，护坡的混凝土强度等级越高。特高压工程常用的混凝土为C20。

（2）分缝。根据特高压工程所处地形条件、气候条件、土（渣）材料等，设置伸缩缝和沉降缝，防止因边坡不均匀沉陷和温度变化引起护坡裂缝。

（3）排水。当弃渣体内水位较高时，应将渣体中露出的地下水以及由降水形成的渗透水流及时排除，有效降低弃渣体内水位，减少护坡水压力。此外，为增加护坡稳定性，还应设置排水孔等排水设施。

2. 混凝土护坡的设计尺寸

边坡为 1∶1～1∶0.5、高度小于 3m 的坡面，采用混凝土块护坡，混凝土块长宽均为 30～50cm，厚度 12cm；边坡陡于 1∶0.5 的坡面采用钢筋混凝土护坡，厚度 12cm。坡面有涌水现象时，用粗砂、碎石或砂砾等设置反滤层。涌水量较大时，修筑排水盲沟。盲沟在涌水处下端水平设置，宽度 20～50cm，深 20～40cm。根据特高压工程所处地形条件、气候条件、土（渣）材料等，设置伸缩缝和沉降缝，每隔 8～10m 设置一道宽 2～3cm 的伸缩沉降缝，缝内填塞沥青麻絮、沥青木板、聚氨酯、胶泥或其他止水材料。当弃渣体内水位较高时，应设置排水孔等排水设施，排水孔径 5～10cm，间距 2～3m。

2.4.2.4 喷浆护坡

在基岩有细小裂隙、无大崩塌的防护坡段，采用喷浆机进行喷浆或喷混凝土护坡，以防止基岩风化剥落。有涌水和冻胀严重的坡面不得采用此法。

喷浆的配合比要符合规范要求，喷浆前要清理基面，有条件的可就地取材，在风化、崩塌严重的地段可加筋锚固后再喷浆。

2.4.2.5 综合护坡措施

综合护坡措施是在布置有拦挡工程的坡面或工程措施间隙上种植植物，其不仅具有增加坡面工程的强度，提高边坡稳定性的作用，而且具有绿化美化的功能。适用条件较为复杂的不稳定坡段。

（1）砌石草皮护坡适用于坡度小于 1∶1、高度小于 4m、坡面有渗水的坡段。其形式是上下分部和相间。砌石部位一般在下部渗水处，渗水较大处应设置反滤层。

（2）格状框条护坡适用于路旁或人口聚集地、坡度小于 1∶1 的土质或沙土质坡面。其用浆砌石预制件做成网格状，在网格内种草皮。

（3）由于开挖和人工扰动地面，致使坡体稳定失衡，形成的滑坡潜发地段应采用固定滑坡的护坡措施。具体措施有削坡反压、排除地下水、滑坡体上造林、抗滑桩、抗滑墙等。

2.4.3　水土保持技术要求

根据现有特高压工程线路走廊的情况，一般线路大多布设在山区、丘陵区，且部分变电站也布设在低山、丘陵区，这就造成了大量的斜坡需要防护。特高压工程护坡一般布设在需要防护的变电站和线路塔基坡脚处。

凡易风化的或易受雨水冲刷的岩石和土质边坡及严重破碎的岩石边坡应进行护坡防护；软硬岩层相间的路堑边坡，应根据岩层情况采用全部或局部防护；在多雨地区，用砂类土壤筑的路堤，其路肩和边坡坡面易受雨水冲刷流失，应根据具体情况对坡面进行防护。凡适宜于生长植物且坡度不大于1∶1.5的边坡，应优先采用植物防护。对不适宜植物生长的边坡，可根据其土石性质、高度及陡度，选择其他合适的工程护坡类型。

浆砌石护坡一般布设在坡面较陡、水蚀较为严重的特高压工程变电站和线路塔基等需要防护的区域；干砌石护坡一般布设在坡面较缓、水流速度较缓的特高压工程变电站和线路塔基等需要防护的区域；混凝土护坡一般布设在边坡坡脚可能遭受强烈洪水冲刷的陡坡段的特高压工程变电站和线路塔基等需要防护的区域。

（1）浆砌石护坡的适用范围：坡面较陡（坡度为1∶1～1∶2.0）；坡面位于河岸、沟岸、坡地下部可能遭受水流冲刷，且水流冲刷强烈。

（2）干砌石护坡的适用范围：边坡因雨水冲刷，可能出现沟蚀、溜坍、剥落等现象时可采用干砌石护坡；临水的稳定土坡或土石混合堆积体边坡，坡面较缓（坡度为1∶2.5～1∶3.0）、流速小于3.0m/s时，可采用干砌石护坡。

（3）混凝土护坡的适用范围：混凝土护坡适用于边坡坡脚可能遭受强烈洪水冲刷的陡坡段。根据具体情况，可采用混凝土或钢筋混凝土护坡，必要时需要加锚固定。

2.4.4　工程量记录表

工程护坡工程量记录表模板见表2-19。

表2-19　　　　　　　　　　　　工程护坡工程量记录表模板

分区	浆砌石护坡（m³）	干砌石护坡（m³）	混凝土护坡（m³）
站区			
进站道路			

2.5　降水蓄渗工程

降水蓄渗工程是指针对建设屋顶、地面铺装、道路、广场等硬化地面导致区域内径流量增加所采取的雨水就地收集、入渗、储存、利用等措施。该措施既可有效利用雨水，为水土保持植物措施提供水源，也可以减少地面径流，防治水土流失。

在干旱、半干旱地区及西南石山区的新建、改建、扩建工程更应加强雨水利用工程的设计和建设内容。北京、天津等已制定有关文件，规定在城市建设项目的水土保持设计文件中必须进行雨洪利用设计，要求雨水集蓄利用设施与主体建设工程同时设计、同时施工和同时投入使用。

降水蓄渗措施有渗水管、渗水沟、渗水地面、渗水洼塘、渗水浅井和雨水利用系统等。

2.5.1 雨水蓄水池

2.5.1.1 典型设计图及实例照片

雨水蓄水池典型设计图见图 2-16～图 2-18。

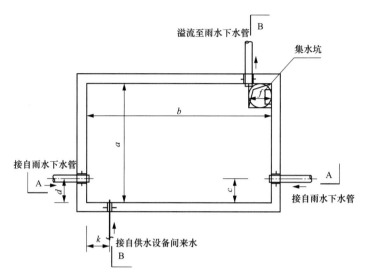

图 2-16 雨水蓄水池平面布置典型设计图

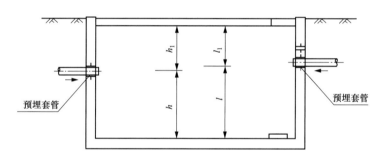

图 2-17 雨水蓄水池 *A-A* 剖面典型设计图

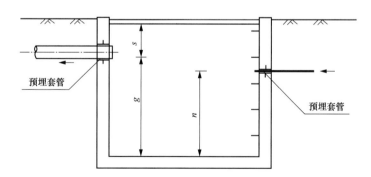

图 2-18 雨水蓄水池 *B-B* 剖面典型设计图

雨水蓄水池实例照片参见附录 4。

2.5.1.2 水土保持技术要求

雨水蓄水池同时设溢流排水管，正常情况下进行雨水蓄积利用，当遇到大暴雨，雨水蓄满后可通过溢流管进入雨水排水系统内。蓄水池内设潜水泵，作为绿化生态用水给水泵，水泵出水管接至原设计绿化水管道。雨水蓄水池距周围建（构）筑物的距离需大于规范要求。

2.5.1.3　蓄水池的布设原则

蓄水池一般布设在坡脚或坡面局部低凹处，与排水沟（或排水型截水沟）的终端相连，以容蓄坡面排水。

蓄水池的分布与容量应根据坡面径流总量、蓄排关系和修建省工、使用方便等原则，因地制宜地确定。一个坡面的蓄排工程系统可集中布设一个蓄水池，也可分散布设若干蓄水池。单池容量从数百立方米到数万立方米不等。

蓄水池的位置应根据地形有利、岩性良好（无裂缝暗穴、砂砾层等）、蓄水容量大、工程量小、施工方便等条件确定。

2.5.1.4　工程量记录表

雨水蓄水池工程量记录表模板见表 2-20。

表 2-20　　　　　　　　　　　　雨水蓄水池工程量记录表模板

分区	材质	工程量（m³）
站区		

2.5.1.5　蓄水池设计

1. 蓄水池容量设计

蓄水池总容量按式（2-20）计算：

$$V = K(V_w + V_s) \tag{2-20}$$

式中　V——蓄水池容量，m³；

　　　V_w——设计频率暴雨径流量，m³；

　　　V_s——设计清淤年（n 年）累计泥沙淤积量，m³；

　　　K——安全系数，取 1.2～1.3。

2. V_w 值与 V_s 值的计算分以下两种情况：

（1）蓄水池在坡面小型蓄排工程系统中，与坡面排水沟终端相连，并以沟中排水为其主要水源时，其 V_w 值与 V_s 值根据排水沟的设计排水量和淤积量计算。

（2）蓄水池不在坡面小型蓄排工程系统中，需独立计算暴雨径流量时，采用式（2-21）和式（2-22）计算 V_w 与 V_s 值。

$$V_w = M_w F \tag{2-21}$$

$$V_s = 3M_s F \tag{2-22}$$

式中　M_w——设计频率一次暴雨径流模数，m³/hm²；

　　　M_s——一年的侵蚀模数，m³/hm²；

　　　F——蓄水池的集水面积，hm²。

3. 蓄水池主要建筑物设计

（1）池体设计。根据当地地形和总容量 V，因地制宜地分别确定池的形状、面积、深度和周边角度。

（2）进水口和溢洪口设计。石料衬砌的蓄水池，其衬砌中应专设进水口与溢洪口；土质蓄水池的进水口和溢洪口应进行石料衬砌。一般口宽 40～60cm、深 30～40cm。并用矩形宽顶堰流量公式校核过水断面。

$$Q = mb\left[(2g)^{0.2}\right]h^{3/2} \qquad (2\text{-}23)$$

式中　Q——进水（或溢洪）最大流量，$\mathrm{m^3/s}$；

　　　m——流量系数，取 0.35；

　　　g——重力加速度，取 $9.81\mathrm{m/s^2}$；

　　　b——堰顶宽（口宽），m；

　　　h——堰顶水深，m。

（3）引水渠设计。当蓄水池进口不直接与坡面排水渠终端相连时，应布设引水渠，其断面与比降设计可参照坡面排水沟的要求执行。

2.5.2　生态砖、透水砖

2.5.2.1　典型设计图

材料选取按以下原则：

（1）生态砖采用混凝土或其他材质的预制块。

（2）植物选配根据实施工程所在项目区气候、土壤及周边植物等情况确定，可选用适生的乡土草种、灌木、攀援植物等。

生态砖典型设计原则：

（1）根据设计坡比从下至上码放生态砖，不同坡度要求将上下相邻两块砖体的相应孔眼对齐，采用钢钎连接固定，直至最上层生态砖铺设完成。

（2）在生态砖内填充种植土，土层表面略低于砖体表面。

（3）铺填种植土后在生态砖内种植草本、灌木或攀援植物。

生态砖铺设典型设计图见图 2-19。

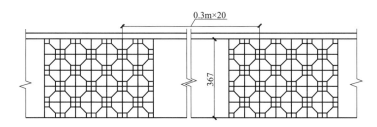

图 2-19　生态砖铺设典型设计图

生态砖实例照片参见附录 4。

2.5.2.2　水土保持技术要求

1. 生态砖

生态砖是在修整好的边坡坡面或平地上拼铺生态砖，连接固定后在砖内填充种植土进行植被恢复的边坡防护技术。该技术适合不同坡度的高陡边坡防护，具有增强边坡稳定性、绿化美化环境的效果，也适用于变电站内外道路、停车场、广场等的硬化。

根据设计坡比从下至上码放生态砖，不同坡度要求将上下相邻两块砖体的相应孔眼对齐，采用钢钎连接固定，直至最上层生态砖铺设完成。

在生态砖内填充种植土，土层表面略低于砖体表面。植物选配根据实施工程所在项目区气候、土壤及周边植物等情况确定，可选用适生的乡土草种、灌木等。混凝土植草砖（生态砖）只有30％空隙，在夏日阳光下温度高达50℃以上；混凝土植草砖每块独立，必须浇筑混凝土垫层基础，方可保持平整；混凝土植草砖很容易在温度变化及霜冻时开裂破损，混凝土植草砖每平方米250kg。

2.透水砖

透水砖具有保持地面的透水性、保湿性、防滑、高强度、抗寒、耐风化、降噪、吸音等特点。

透水砖的铺设需保证砖的水平横向、纵向缝与中轴石材的水平横向、纵向缝一致，其竖向标高及平整度与中轴石材铺装相协调。

2.5.2.3 工程量记录表

透水砖及生态砖工程量记录表模板见表2-21。

表 2-21　　　　　　　　　　透水砖及生态砖工程量记录表模板

分区	透水砖（m²）	生态砖（m²）		
		面积（m²）	草种（kg）	小灌木（kg、株）
站区				

2.6 土地整治工程

土地整治是控制水土流失、改善土地生产力、恢复植被的基础工作。在土地整治前应首先确定土地的用途，根据土地的用途采用适宜的土地整治措施。因此，土地整治设计是根据土地利用方向，确定土地整治原则和标准，进行相应的土地整治措施内容及模式设计。

土地整治工程包括三个方面：①坑凹回填，一般应利用废弃土石回填整平，并覆土加以利用，也可根据实际情况直接改造利用；②渣场改造，即对固体废弃物存放地终止使用以后，进行整治利用；③整治后的土地根据土地质量、生产功能和防护要求，确定土地利用方向，并改造使用。

2.6.1 典型设计图及实例照片

土地整治方式典型设计图见图2-20。

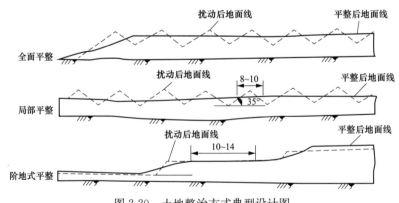

图 2-20　土地整治方式典型设计图

土地整治实例照片参见附录4。

2.6.2 水土保持要求

1.土地整治后的要求

土地整治包括临时堆土、弃渣表面的土地整治。基坑开挖时应将表层的熟土和下部的生土分开堆放；土地整治时，应将熟土覆盖在表层，根据原土地类型，尽量恢复其原来的土地功能（农田）或恢复植被（宜草、宜林的非农田，撒播草籽，施工单位在植被恢复时应调研塔位所在地区适用的植被和草籽类型，因地制宜地选用该地区适用的草籽类型进行植被恢复，且草籽播撒应尽量选择雨水较充沛的时间）。

房屋工厂拆迁后，基础及表层混凝土结构应破除处理，平丘和山地破除深度为 0.3m，岩石地基不破除。土地应回填整理，破除深度及回填土需满足耕作（农田，采用熟土回填）或植被恢复。建筑垃圾应清理并根据当地要求堆放至指定地点，须堆放整齐，必要时进行围挡，以保护环境，避免水土流失。

2. 整地方式

（1）全面整地：适用于占地较大区域农地和景观绿化用地的平整，整地坡度小于 3°，可采用机械整地方式。

（2）局部整地：适用于恢复经济林木、站址区绿化等，一般整地坡度为 3°～5°，采用人工整地方式。

（3）阶地式整地：适用于分层平台整地，平台上成倒坡，坡度 1°～2°，采用人工整地方式。

3. 土地整治的原则

（1）土地整治应符合土地利用总体规划及土地整治规划。

（2）土地整治应与蓄水保土相结合，土地整治工程应根据地形、土壤等条件，以"坡度越小，地块越大"为原则。

（3）土地整治与生态环境建设相协调，整治后的土地利用应注意生态环境改善，尽力扩大林草面积，同时在有条件的情况下改造和美化环境。

（4）一般工程永久占地范围内的裸露土地和未扰动土地尽量恢复为林草地；工程临时占地范围内的土地原则上按原地类恢复，即原地貌为耕地的恢复为耕地，原地貌为非耕地的恢复为林草地；也可按土地利用规划进行土地整治。

2.6.3 土地整治标准

（1）恢复为耕地的土地整治标准。经整治形成的平地或缓坡地（坡度在 15°以下），土质较好，覆土厚度 0.5m 以上（自然沉实）可恢复为耕地；当用作水田时，坡度一般不超过 2°～3°。

（2）恢复为林草地的土地整治标准。对于复垦为林地的，坡度应不大于 35°，裸岩面积在 30%以下，覆土厚度不小于 0.6m；对于复垦为草地的，坡度应不大于 25°，覆土厚度不小于 0.3m。

土地整治内容见表 2-22。

表 2-22　　　　　土 地 整 治 内 容

分类		整治内容				
		坡比	覆表土厚	覆土厚	平整	蓄水保土
耕地	坡地	≤1：3.7	旱作区厚度一般为 0.2～0.3m	0.3～0.6m	场地清理、翻耕、边坡碾压	改变微地形，修筑田埂，增加地面构筑物被覆，增加土壤入渗，提高土壤抗蚀性能，如等高耕作、沟垄种植、套种、深松等
	台地梯田	≤1：20			场地清理、翻耕、粗平整和细平整	修筑田坎，精细整平

分类		整治内容				
		坡比	覆表土厚	覆土厚	平整	蓄水保土
草地	撒播	<1:1	—	≥0.3m	场地清理、翻松地表、粗平整和细平整	深松土壤增加入渗,选择根系发达、萌蘖力、抓地力强的多年生草种
	喷播	≥1:1	—	—	修整坡面浮渣土、凿毛坡面增加糙率	处理坡面排水、保留坡面残存动植物
	草皮	<1:1时可自然铺种,≥1:1时坡面需挖凹槽、植沟等特殊处理	—	≥0.3m	翻松地表,将土块打碎,清除砾石、树根等垃圾,整平	深松土壤增加入渗,选择抓地力强的草种
林地	坡面	≤1:2.1	—	≥0.4m	场地清理、翻松,一般采用块状整地和带状整地	采用块状整地,如采用鱼鳞坑、回字形漏斗坑、反双坡或波浪状等
	平地	—			场地清理、翻松地表,一般采用全面整地和带状整地	深松增加入渗,林带与主风向垂直,减少风蚀;选择根系发达、蒸腾作用小、抗旱的树种
草灌		≤1:1.5	—	≥0.3m	翻松地表、粗平整和细平整	密植,合理草灌的搭配和混植,增加土壤入渗

2.6.4 特高压工程的分区土地整治

特高压工程施工结束后,应对裸露地表进行土地整治,一般根据土地利用的方向进行整地,即按照恢复草地、林地、耕地等要求进行整地。对于特高压工程还需按照分区,分别对变电站站区、进站道路区、力能引接区、站外供排水管线区、线路塔基区及拆迁场地区分别进行整地。

(1)变电站站区的土地整治。变电站区除构筑物占地之外的空闲地及从工程安全运行角度考虑进行的防护措施外的裸露面,土地利用方向一般确定为恢复植被。施工结束后需对裸露地表采取全面整地,整地坡度小于1°。整地结束后进行植被恢复,满足水土流失防治要求同时美化环境。

(2)进站道路区的土地整治。施工结束后,对进站道路两侧待绿化区、力能引接区进行土地整治,为绿化美化做好准备。

(3)站外供排水管线区的土地整治。特高压工程结束后,对站外供排水管线区的临时建筑应及时拆除,并恢复原迹地类型。

(4)线路塔基区的土地整治。输电线路塔基区占地分散,局部扰动较小,但扰动较为剧烈,需进行局部整地。整地一般采取因势利导的方式,尤其采取高低腿的塔基应就坡随坡,尽量减少再次扰动。整地结束后进行植被恢复。

(5)施工道路区、牵张场地及拆迁场地区的土地整治。特高压工程结束后,对施工道路区、牵张场地及拆迁场地区应恢复原迹地功能。对山坡地施工道路,应清理垃圾、平整、削坡,根据林草种植要求覆土、整地;平原耕地区的施工道路,应清除垃圾、翻松,根据农作物种植要求整地。对拆迁场地区,应清除垃圾、翻松土地,根据林草和作物种植要求覆土、整地。

2.6.5 工程量记录表

土地整治工程量记录表模板见表2-23。

表 2-23　　　　　　　　　　　土地整治工程量记录表模板

分区	整地方式	主要工程量（m²）
站区		

2.7　碎　石　覆　盖

　　碎石覆盖是用直径 3～5cm 的碎石对裸露地表进行压盖，防止地表在风力、水力等外应力作用下产生风蚀和水蚀等水土流失危害的措施。

2.7.1　典型示意图及实例照片

　　碎石覆盖典型示意图见图 2-21。

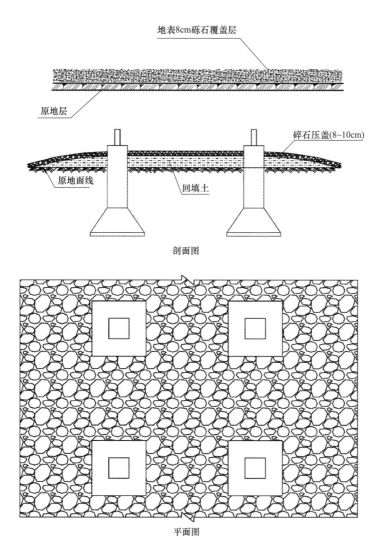

图 2-21　碎石覆盖典型示意图

碎石覆盖实例图片参见附录4。

2.7.2 水土保持要求

根据《国家电网公司"两型一化"变电站建设设计导则（2007版）》的要求，变电站区户外配电装置场地不宜采用人工绿化草坪，宜采用碎石或卵石地坪。尤其对于降水稀少、风蚀严重的区域，植被恢复困难，采取碎石压盖措施不但能够防止水土流失的产生，也有利于电力安全和维护。

西北黄土高原区和内蒙古地区是我国能源分布的重要地区，也是我国电力输送的主要起点，这些地区降水稀少、植被恢复困难，尤其在新疆戈壁风沙区更加困难。因此，在这些区域的特高压工程建设中，需要对变电站和线路塔基区等裸露地表进行碎石压盖，以防止产生水蚀、风蚀等水土流失。

碎石覆盖就是用直径3～5cm的碎石在裸露地表进行覆盖。覆盖前，先对地表进行平整、压实，平整地面坡度小于1°～2°。再铺设1～2cm的石灰粉（适用于变电站），防止风吹落地的林草种子落地生长；再铺设8～10cm厚的碎石进行压盖。

应严格执行铺筑碎石的操作工艺要求，分层铺筑不应过厚，要有足够的碾压遍数，以防止碎石地基大面积下沉。边缘和转角处一定要夯打密实，留接槎要按规定搭接和夯实。对边角处的夯打避免遗漏。坚持分层检查碎石垫层的质量，每层的压实系数必须达到设计要求，否则不能进行上一层碎石的施工。

2.7.3 工程量记录表

碎石覆盖工程量记录表模板见表2-24。

表2-24　　　　　　　　　　碎石覆盖工程量记录表模板

分区	覆盖面积（m²）	主要工程量（m²）
站区		

植物措施设计

3.1 基本原则和设计要求

3.1.1 基本原则

（1）适地适树、适地适草、因地制宜，依据各树种的生态学和生物学特性，选择当地优良的乡土树种和草种，或多年栽培、适应性较强的树种和草种为主。

（2）造林密度的确定应以造林目的、树种特性、立地条件等为依据，按照《水土保持综合治理技术规范》确定，主要兼顾适生造林树种的初植密度。

（3）植物措施和工程措施相结合，同时兼顾防护和绿化美化的要求，同时考虑生态效益和景观效益。

3.1.2 设计要求

1. 可行性研究阶段

（1）在前期调查基础上，初步确定水土保持植被恢复与绿化范围、任务、规模。对主体工程提出植被保护的相关建议。

（2）分析预测植被恢复与建设可能出现的限制因子和需采取的特殊措施。

（3）结合主体工程设计分区，基本确定植被恢复与绿化的标准，比选论证植被恢复与绿化总体布局方案。应根据项目主体建设的要求，研究项目对绿化的特殊要求，并比较论证提出可行的绿化方案。

（4）初步确定植被恢复与绿化的立地类型划分、树种选择、造林种草的方法，做出典型设计，并进行工程量计算和投资估算。

2. 初步设计阶段

（1）根据水土保持方案和主体工程可行性研究，调整与复核植被恢复与绿化方案，确定分区绿化功能、标准与要求。

（2）划分植被恢复与绿化的小班（地块），分析评价各小班的立地条件。对特殊立地需要改良的，提出相应的改良方案。

（3）根据林草工程的设计要素与要求，对每一地块做出具体设计。

3.2 植 物 措 施 设 计

3.2.1 立地条件分析

分析项目区气候、地形、土壤、水分、大气污染物等，确定造林地的主要类型。如荒坡，包括草坡、灌草坡、灌木坡；荒地，包括耕地、河滩地、盐碱地、沙地、其他退化劣地；农耕地；工矿区闲置地等。

3.2.2 树种草种选择

适地适树、适地适草、因地制宜，依据各树种的生态学和生物学特性，选择当地优良的乡土树种和草种，或多年栽培、适应性较强的树种和草种为主，参见表3-1。

表 3-1　　　　　　　　　　亚热带地区常用树种草种的生态学特性表

生长型	序号	树（草）种	生长习性	适用部位及用途
乔木	1	黄槐	半落叶小乔木、喜温、全年开花	行道树、观赏
	2	湿地松	常绿大乔木，在中性以至强酸性红壤丘陵地，较耐旱，在干旱贫瘠低山丘陵能旺盛生长；抗风力强；为最喜光树种，极不耐阴	防风带、荒山绿化
	3	大叶相思	常绿乔木，可以在贫瘠、干燥、坚硬的土壤上正常生长，又能抵抗强风	绝佳的防风及造林树木。树冠茂密，可抑制树下的植物生长，常被种植作隔火林
灌木	1	夹竹桃	常绿大灌木，喜光，喜温暖湿润气候，不耐寒，忌水渍；适生于中性土壤，对土壤要求不严，耐烟尘，抗有毒气体	造景、抗污染树种
	2	小叶女贞	常绿灌木、适应性强、耐贫瘠、易修剪	绿篱、抗污染树种、隔离带、路边
草本	1	结缕草	适应性较强，喜温暖气候，喜阳光；耐高温，抗干旱，耐荫	优良的草坪植物，良好的固土护坡植物
	2	地毯草	多年生草本，耐酸性土壤和贫瘠的土壤环境	常作为斜坡或路边水土保持用草
	3	狗牙根	多年生，生活力强，繁殖迅速，蔓延快，成片生长，不怕践踏	固土护坡绿化材料种植
	4	百喜草	多年生，根系发达，对土壤要求不严，在肥力较低、较干旱的沙质土壤上生长能力仍很强，耐践踏	斜坡和道路护坡、水土保持绿化植物
藤本	1	爬山虎	多年生大型落叶木质藤本植物，适应性强，性喜阴湿环境，但不怕强光，耐寒，耐旱，耐贫瘠，气候适应性广泛；对二氧化硫等有害气体有较强的抗性	垂直绿化的优选植物
	2	金银花	半常绿藤本，喜温和湿润气候，喜阳光充足，耐寒、耐旱、耐涝，对土壤要求不严，耐盐碱，但以土层深厚疏松的腐殖土栽培为宜	垂直绿化
	3	常春藤	常绿木质藤本，性喜温暖、荫蔽的环境，忌阳光直射，但喜光线充足，较耐寒，抗性强，对土壤和水分的要求不严，以中性和微酸性为最好	垂直绿化

3.3　植物配置与密度

（1）树种组成。树种有纯林、混交林（乔—乔、乔—灌、乔—草、灌—草、乔—灌—草）。

（2）树种结构。混交比例应有利于主要树种生长为原则，常用的混交方法有株间混交、行间混交、带状混交、块状混交、星状混交等。

（3）种植密度。常用的乔木株行距为 2m×2m、2m×3m 或 3m×3m，大型移植乔木株行距为 4～6m×4～6m；灌木株行距为 1m×1m，1m×1.5m 或 2m×2m。

3.4 植 物 栽 植 技 术

3.4.1 苗木规格要求

用于水土保持植物措施的苗木和草种必须是一级苗和一级种，并且要有"一签、三证"，即要有标签、生产经营许可证、合格证和检疫证。乔木质量要求是无病虫害、土球完整、无破裂或松散。

3.4.2 整地方式

主要有全面整地和局部整地。全面整地是翻垦造林地全部土壤，耕翻深度一般为 30cm 左右；局部整地主要有带状整地和块状整地。

（1）穴状（圆形）整地。灌木整地规格为 30cm×30cm 或 40cm×40cm（穴径×坑深），乔木整地规格为 50cm×50cm 或 60cm×60cm（穴径×坑深）。

（2）块状（方形）整地。灌木整地规格为 30cm×30cm×30cm 或 40cm×40cm×40cm（长×宽×深），乔木整地规格为 50cm×50cm×50cm 或 60cm×60cm×60cm（长×宽×深）。

（3）带状整地。带状整地是沿等高线长条状翻垦土壤。带宽 0.6～1.0m，带长根据地形确定，破土带的断面可与原坡面平行（水平带）、成阶状（水平阶）、沟状（水平沟）。

栽植乔灌树种以穴状整地和块状整地为主；种植绿篱以开沟整地为主，挖沟槽宽 25～50cm，槽深 25～40cm，槽宽和槽深根据苗木高度确定；在建植草坪的绿化地块，对土壤要求较高，播前应全面整地。立地条件较差时，如地表为建筑垃圾、灰渣土或土壤贫瘠，需客土栽植，表层覆土厚 30～80cm。

3.4.3 栽植技术

所用绿化苗木选择树形好、抗性强、无病害、根系完整的优质壮苗，常绿树种及大中型苗木移植时带土坨。以春季植苗造林为主，一边整地一边造林，在坑穴底部铺 10～20cm 厩肥。保持根系伸展，深栽实埋；栽后及时灌水，灌后覆土，防止蒸发。

苗木栽种前整理根系，舒展放入施有底肥的坑中，分层填压细土，踏紧压实，浇水适量（雨天不植树）。栽种 3 天内浇水 1～2 次/天，以后一个月内视土壤干湿度每 3 天浇水一次。草坪应及时喷洒水以保证土壤湿润。要安排专人巡视，防止人蓄践踏，同时注意及时补栽。

3.4.4 大树移植时的注意事项

（1）大树移植前应对移植的大树生长情况、立地条件、周围环境、交通状况进行调查研究，制定移植的技术方案。当需移植大树时，移植时间宜一年前确定，移植前应分期断根、修剪，做好移植准备。

（2）地上部枝干截口涂保护剂，主干用草绳缠紧，以减少水分蒸发。

（3）移栽后做牢支护，防止倒伏。

（4）移栽后切忌连续浇大水，防止因土壤通气不良造成烂根。

（5）浇水一定要配合施用生根粉，以促使萌生新根。

（6）移植后，两年内应配备专职技术人员做好修剪、剥芽、喷雾、施肥、浇水、防寒、防病虫害等养护管理工作，且建立技术档案，其内容包括实施方案、施工和竣工记录、图纸、照片或录像资料以及管护技术措施和验收资料。

3.5 抚 育 管 理

抚育管理包括浇水、松土、除草、施肥、补植、整形修剪、防治病虫害、防牲畜、人为损害等。

（1）灌水。项目区灌水自3月下旬至11月初根据当地情况按适时适量的原则，及时补灌。

（2）松土除草施肥。造林后及时进行松土、除草、施肥。松土与扶苗等结合进行，连续进行3~5年，每年2~3次，以后每年一次。在有条件的地方，结合松土除草给苗木施肥，施肥以复合肥为主。

（3）补植。在造林后当年或第二年，根据苗木成活情况，进行补植。对成活率低于85%的或有成块死亡的都需要补植，补植苗采用同树种、同规格的优质苗。补植率按原苗木量的20%计。

（4）幼树管理。根据不同的林种和树种，按要求适时进行除蘖、修枝、整形等抚育工作。对具有萌芽能力的，及因干旱、冻害、机械损伤、病虫危害造成生长不良的树种，应及时平茬复壮。对易受冻、旱害的树种，当年冬季应做好防寒（旱）措施，如封冻前灌足冬水，依树种特性、苗木大小分别采用埋土、盖草、塑料棚等防寒措施。同时做好林木的病虫害防治工作。

（5）修剪。对应控制高度的树木定期整形修枝。特别是对道路两侧，要做好幼树期的整形修剪，修枝以晚秋和早春为宜，修枝强度根据树种、年龄、树冠发育状况而定，间隔期2~3年。

（6）草坪养护。草坪建植后加强抚育管理，夏季应一周浇一次水，冬季在冻前浇一次透水。注意经常清除杂草，适时追肥，定期修剪，保持整齐美观。成活率不合格的草地，或个别地段有成块死亡的应及时补播。灰场植草区选用低养护草，成活后一般不再采取抚育管理措施。

植物措施模块化设计见图3-1。

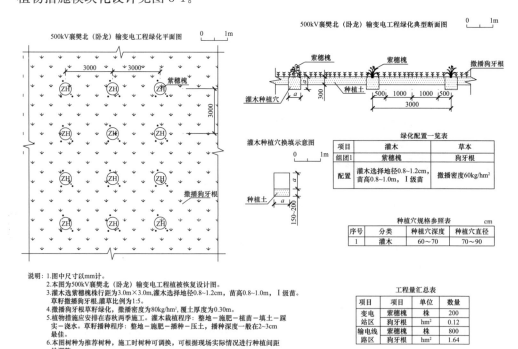

图 3-1 植物措施模块化设计

3.6 栽植乔木灌木

特高压工程造林主要应用在临时用地中占用林地部分的土地的植被恢复，以及变电站区的绿化美化工作。临时用地的林地恢复时应尽量选用原有林地的树种。一般情况下，适用于特高压工程的造林方式主要有植苗造林和分殖造林。

3.6.1 乔灌木的栽植

灌木施工方法可参考《园林绿化工程施工及验收规范》（DB11/T 212—2009）及各地区绿化施工规范执行，但应注意建植方式和时间的选择。

乔灌木栽植采用人工种植方式，严格按设计施工图纸要求的树种、规格、数量进行定位栽植。栽植苗木时，苗木根系应充分舒展放入穴中，深浅适宜，扶正苗干与地面垂直，种植点平面整平竖直，树木在同一条直线上，偏差不大于10cm，并尽可能照顾到原生长地所处的阴阳面。相邻两株树木高矮偏差不超过30cm。栽植乔木时同时埋上支撑，支撑要牢固，干径15cm及以上乔木均用四角桩支撑，并注意不要使支撑与树干直接接触以免磨伤树皮。

栽植前对灌木的枝干与根系进行必要的修剪。在树坑所施的肥料上覆盖5～10cm的泥土，使根系不直接接触肥料。坑中所填客土在洞坑深度三分之二处，中央呈馒头状。然后将灌木放置其上，在树坑四周及其上回填客土。当回填土达到根系一半深度，要将苗木向上稍微提起，随即按每层厚15cm回填土并适当压实。

3.6.2 典型设计图及实例照片

种植乔木、灌木造林典型设计见图3-2和图3-3。

种植乔、灌木造林实例图片参见附录4。

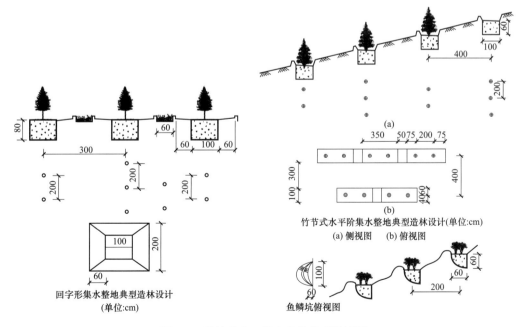

图3-2 种植乔木、灌木造林典型设计图

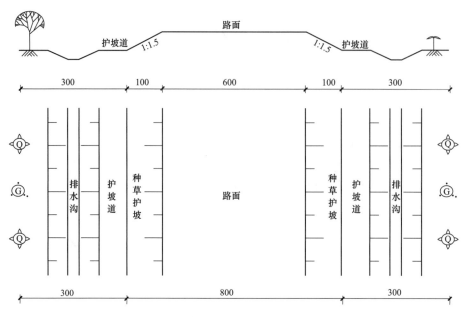

图 3-3　进站道路断面布置及绿化典型设计图

3.6.3　水土保持要求

通常选择春季造林，适宜我国大部分地区。春季造林应根据树种的物候期和土壤解冻情况适时安排造林，一般在树木发芽前 7~10 天完成。南方造林，土壤墒情好时应尽早进行；北方造林，土壤解冻到栽植深度时抓紧造林。

乔木选用适宜当地生长的树种，根据项目所处环境选择幼苗即可。栽植株距、行距多为 (2~4)m×(2~4)m，或根据乔木种类确定初植密度。

灌木选用适宜当地环境的树种，可选用幼苗。栽植株距、行距可根据项目区的立地条件，选择 (0.5~1)m×(0.5~1)m。

3.6.4　工程量记录表

种植乔木、灌木记录表模板见表 3-2。

表 3-2　　　　　　　　　　　　种植乔木、灌木记录表模板

分区	种植面积（m²）	乔木（株）	灌木（株）
站区			

3.7　播　撒　草　籽

撒播种草是特高压工程中最重要、也是最常见的植被恢复措施。撒播种草适用于特高压工程的各种分区。

3.7.1　典型设计图及实例照片

播撒草籽典型设计见图 3-4。

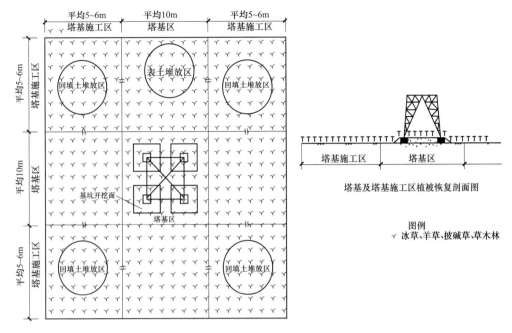

图 3-4 塔基区播撒草籽典型设计图

播撒草籽实例图片参见附录 4。

3.7.2 水土保持要求

1. 播种量

通常冷季型草坪大粒种子的单播种量为 20～40g/m²，小粒种子为 8～20g/m²，优质混播草坪为 20～40g/m²；暖季型草坪草的日本结缕草为 20～30g/m²，狗牙根和假俭草为 10～15g/m²，地毯草为 10～15g/m²，巴哈雀稗为 10～15g/m²。

2. 播种方法和种子处理

草坪播种常用的具体方法有撒播、条播、点播、纵横式播种和回纹式播种。草坪草种播种首先要求种子均匀地覆盖在坪床上，其次是使种子掺合到 1～1.5cm 的土层中去。大面积播种可利用播种机，小面积则常采用手播。此外，也可采用水力播种，即借助水力播种机将种子喷至草坪床上，是远距离播种和陡坡绿化的有效手段。

大部分种子有后成熟过程，即种胚休眠，播种前必须进行种子处理，以打破休眠，促进发芽。

（1）机械处理、选种晒种。用清选机或人工筛种，清除杂质，提高种子纯净度。收获后和播种前要晒种，以加速种子干燥、后熟以刺激种胚打破休眠，提高生活力或用机械方法擦伤种皮以利吸水发芽。

（2）浸种。用冷水、温水或变温水浸种，可以加快种子吸水发芽，打破豆科硬实种子。豆科种子浸 12～16h；禾本科种子浸 1～2d，期间要换水 2～3 次。硬实率高的豆科种子可用高温浸种法，即 90℃以上高温水处理 1～2min 后立即用冷水降温，反复两次，晾干种皮即可播种。

（3）去壳去芒。带芒带壳的种子影响播种质量，如无芒雀麦、披碱草，需在播前用去芒机、石碾或碾米机去掉芒、壳或豆荚，使种子与湿土密接以利发芽出苗。

（4）其他处理。种子处理还有化学处理、物理处理（用红外线、紫外线及低剂量的射线等照射）、生物处理（赤霉素、胡敏酸等浸种）、根瘤菌接种。

3．撒播草种施工工序

撒播草种施工工序为：施工准备→草种选购→机械喷播→覆盖无纺布→浇水及施肥→管理与养护。

4．表土铺设

（1）表土质量要求。表土应为松散的、具有透水作用并含有有机物质的土壤，能助长植物生长，不含有盐、碱土，且无有害物质以及大于25mm的石块、棍棒、垃圾等；采集时，表土上生长茂盛农作物、草或其他植物时，则证明该土质是好的。

（2）表土的提供。根据现场踏勘情况及招标文件，填筑区及料场清基土满足表土质量要求，不足部分表土从施工用地范围内解决。为使表层土疏松，有利于植物生长，深翻耕作层，用机械把20～30cm深的耕作层翻松，将大块土打碎。不能打碎的土块、大于25mm的石块、棍棒和其他垃圾全部清除并运至监理同意的地点废弃。

（3）表土铺设。工作场地经平整和处理，并经监理工程师认可后，应立即进行表土的铺设，铺设厚度不小于0.3m。当表土过分潮湿或不利于铺设时，不应进行铺设。除非另有规定，表土铺设完成后，其表面标高应比路缘石、集水井、人行道、车行道或其他类似结构低25m。表土铺设达到要求厚度后，其完成的工程应符合所要求的线形、坡度、边坡。

3.7.3　工程量记录表

播撒草籽工程量记录表模板见表3-3。

表 3-3　　　　　　　　　　　　　播撒草籽工程量记录表模板

分区	播撒面积（m²）	草籽品种	草籽用量（kg）
站区			

3.8　草皮剥离与回铺

铺设草皮建植一般在综合护坡工程中与工程措施结合的情况下使用或者应用于变电站的快速绿化，其特点是绿化快速，但维护成本较高。

3.8.1　工程典型设计要求及实例照片

（1）平整坡面，清除石块、杂草、枯枝等杂物，使坡面符合设计要求。

（2）草坪移植起皮前应提前24h修剪并喷水，保持土壤湿润，利于起皮。

（3）当草皮铺于地面时，应对草皮布置1～2cm的间距，后用0.5～1.0t重的滚筒压平，使草皮与土壤紧拉、无空隙，这样易于生根，保证草皮成活。

草皮剥离与回铺实例图片参见附录4。

3.8.2　水土保持要求

1．原生草皮剥离

按照0.5m（长）×0.5m（宽）×（0.2～0.3）m（厚）的尺寸规格，将原生地表植被切割剥离为立方体的草皮块，移至草皮养护点。剥离草皮时，应连同根部土壤一并剥离，尽量保证切割边缘的平整。草皮剥离和运输过程中，必须要避免过度震动而导致根部土壤脱落。此外，要对草皮下的薄层腐殖土集中堆放，用于后期草皮回移时的覆土需要。

2. 剥离草皮养护

草皮养护点可选择周边空地、养护架或纤维袋隔离的邻近草地上，后者的草皮厚度需控制在 4 层之内。分层堆放草皮块时，需采用表层接表层、土层接土层的方式。要注意经常洒水，以保持养护草皮处于湿润状态。养护草皮的堆放时间不宜过长，回填完成后，应立即进行回移。

3. 草皮回移铺植

机械铲挖的草皮经堆放和运输，根系会受到一定损伤，铺植前要弃去破碎的草皮块。完成回填后，应尽快进行土地整治，先垫铺 5～10cm 厚的腐殖土层，在腐殖土层不足的情况下，可利用草皮移植过程中废弃的草皮土。铺植时，把草皮块顺次摆放在已平整好的土地上，铺植后压平，使草皮与土壤紧接。

铺植草皮过程中，应注意小心施工，减少人为原因造成草皮损坏，影响成活率。同时，尽量缩小草皮块之间的缝隙，并利用脱落草皮进行补缝。为提高成活率，应当尽量保证回移草皮与周边原生草皮处于同一平面。

4. 回移草皮管护

完成草皮回移铺植后，应及时洒水，以固定草皮并促进根系的生长。采取定期压平、浇水，防止人畜破坏等管护措施。同时，可根据成活情况，在短期内进行补植。

3.8.3 工程量记录表

草皮剥离养护及回铺工程量记录表模板见表 3-4。

表 3-4　　　　　　　　　草皮剥离养护及回铺工程量记录表模板

分区	草皮剥离及养护（m²）	草皮回铺（m³）
塔基区		

3.9　防风固沙

在风沙区或易遭受风蚀的地区进行生产建设，因开挖地面、破坏植被，必然加剧风蚀和风沙危害。若对此危害不进行防治，项目区的生产建设也会受到影响，因此必须采取防风固沙工程来控制其危害。

防风固沙的设计原则如下：

（1）根据项目总体可行性研究，预测项目破坏地表和植被的面积及引起的风沙危害，预测周边风沙对项目构成的威胁，从保障生产建设安全与防风固沙、改善环境出发，进行多方案比较，提出防风固沙工程的总体方案。

（2）根据项目所在区域气候条件、下伏地貌和下伏物的性质、沙地的机械组成、地下水埋深及矿化程度、风蚀程度（沙化、沙丘类型、沙丘高度、沙丘部位）、植被覆盖及破坏程度等，结合施工工艺，提出防风固沙应采取的措施，并论证其可行性。

（3）对于植物固沙，应分析立地条件，比选采用的树种和草种、种植方法等；对于机械固沙，应比选分析沙障类型、沙障材料、取材地点、材料运输路线；对于化学固沙，应论证分析比选化学胶结物料及来源、胶结方法。

（4）在风沙危害严重的地区，机械固沙和化学固沙是为植物固沙创造良好的环境，因此各类措施的先后顺序及如何合理配合应合理论证。防风固沙工程，特别是机械和化学固沙费用较高，应论证其经济合理性，并提出初步方案。

3.9.1 沙障

沙障作为一种防风固沙、涵养水分的治沙方法，在我国西北地区和内蒙古地区的特高压工程广泛应用，是一种长期采用的防沙、治沙方法，对风蚀较为严重的地区采用沙障与乔灌草相结合的防治措施体系效果更为明显。根据实验资料，当栽植植物盖度为 10% 时，风速降低效率为 20%～40%，防护体系内的距离地面 20cm 处的平均风速仅为 2.9m/s，而流沙区相同高度处的风速为 5.9m/s；当防护体系内的输沙量为 0.0019g/(cm² · min) 时，流动沙区为 0.0760g/(cm² · min)。实施沙障能增加沙地表面的粗糙度，减弱风力，使之无力带走输送的沙粒。沙障同时能够有效截留降水，尤其对冬季的降雪，能够控制在原地而不被风吹走，提高了沙层含水量，使 2m 厚的沙层含水率由 1% 提高到 3%～4%。因此，采取沙障与林草措施相结合的综合防治体系，能够有效防止风蚀的产生，并有效减少特高压工程建设过程中水土流失的产生。

沙障的种类按照所用材料的不同进行划分，包括柴草沙障、秸秆沙障、黏土沙障、树枝沙障、板条沙障和卵石沙障等，最常见的为草方格柴草沙障和卵石沙障。草方格沙障可根据沙障高度分为高立式沙障和矮立式沙障，主要适用于处于流动沙丘和半流动沙丘区域的特高压工程。柴草沙障、秸秆沙障、黏土沙障、树枝沙障、板条沙障与草方格沙障基本相同，只是使用的材料不同。卵石沙障与其他沙障的区别在于方格内采用卵石压盖，不进行植被恢复。

3.9.1.1 典型设计图及工程实例照片

高立式沙障和矮立式草方格沙障的扎制有一定的区别。

（1）高立式沙障扎制。在设计好的沙障条带位置上，人工挖深 0.2～0.3m 的沟，将扎成小捆的芦苇、柴草或麦秸直立埋入，扶正踩实，填沙 0.1m，芦苇、柴草或麦秸露出地面 0.5～1m。

（2）矮立式草方格沙障的扎制。矮立式草方格沙障选用的麦秸、稻草或芦苇应有一定的韧性，长度不应小于 40cm，将麦秸、稻草和芦苇按设计长度切好，顺设计沙障条带线均匀放置线上。草的方向与带线正交，用脚或铁锹在柴草中部用力踩压，使柴草进入沙内 0.1～0.15m，两端翘起，高出地面 0.2～0.3m，用手扶正，基部培沙。

沙障布设典型设计见图 3-5。

沙障实例图片参见附录 4。

3.9.1.2 水土保持要求

施工前，在有条件的地区可先备好柴草或者麦草浸水，施工时将柴草或者麦草沿位置线摆好。柴草或者麦草与位置线垂直，位于位置线中间，然后用平头铁锹从柴草或者麦草中部插入沙中，麦草地上外露部分高度为 10～12cm，其余部分埋入沙中。沙埋部分不小于 20cm，形成草方格后用脚将柴草或者麦草根部踩实，并用铁锹将方格中心的沙子向四周外扒。布置草方格时，横向布置要和主风向垂直，方格边长为 0.8m～1.0m。

3.9.1.3 工程量记录表

沙障工程量记录表模板见表 3-5。

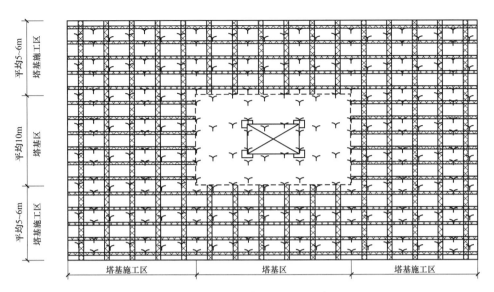

图 3-5 塔基区沙障布设典型设计图

表 3-5 沙障工程量记录表模板

分区	防护面积（m²）	主要工程量（m³）
站区		

3.9.2 化学固沙

3.9.2.1 化学固沙原理

化学固沙是在流动的沙丘（地）上喷洒化学黏结材料，在流动沙表面形成覆盖层，或渗入表层沙中，把松散的沙粒粘结起来形成固结层（硬壳），从而防止风力对沙粒的吹扬和搬运，达到固定流沙，防治沙害的目的。施用化学固沙材料能使松散的沙质地表形成具有一定抗风蚀性能的固结层，通常具有黏结作用、表层覆盖作用、水化作用、胶凝作用和聚合作用。

3.9.2.2 化学固沙材料

化学固沙材料按化学原料可分为天然化学固沙材料、人工配制化学固沙材料和合成化学固沙材料。按化学组成可分为无机胶凝固沙材料、有机胶凝固沙材料及有机—无机复合固沙材料。

3.9.2.3 存在的问题

工程中采用化学固沙仅考虑到效果而忽略了经济效益，有些只考虑到实用性而未注重合理性。固沙材料种类的选择最终要解决的关键问题是，在为植物生长创造良好的水土环境的同时，永久性地改善生态环境，形成自然生态圈。虽然化学固沙材料能够提高地表沙土的稳定性和保水性，达到固定流沙的结果，但是其工程材料尚未跳出20世纪三四十年代的材料内容，有些只是盲目增加材料用量，最终达到改良和治理荒漠化土地的目的。另外，很少有学者研究化学固沙材料在使用后期的处理问题，如果后期不妥善处理，滞留在地表表层的大面积固沙材料的危害不亚于沙漠化。

3.10 植物护坡

特高压工程中站区和塔基开挖形成的裸露边坡的保护问题一直是个薄弱环节。对于一些石质边坡、陡边坡、软岩坡面、沙地、贫瘠地等边坡往往难以绿化，但是水土保持技术发展到今天，边坡绿化保护技术已经相对成熟。

3.10.1 典型设计图及实例照片

植物护坡典型设计见图 3-6 和图 3-7。

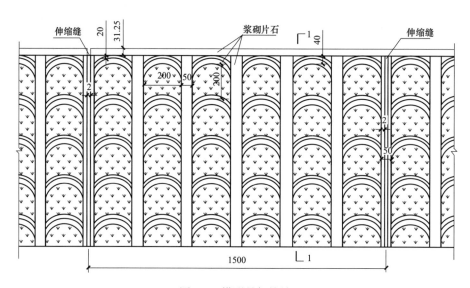

图 3-6 拱形骨架护坡

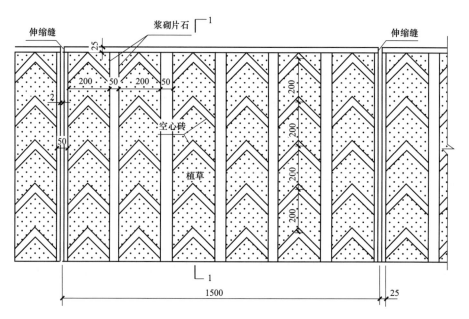

图 3-7 人字形骨架护坡

植被护坡实例图片参见附录 4。

3.10.2　水土保持要求

骨架铺草皮护坡施工工序为：平整边坡→骨架施工→回填客土→铺草皮→盖无纺布。铺草皮适用于南方，北方适用于植生袋植草，不需覆盖无纺布。

（1）平整坡面。按设计要求平整坡面，清除坡面危石、松土、填补坑凹等。

（2）骨架施工。砌筑骨架前，应按设计要求在每条骨架的讫点放控制桩，挂线放样，然后开挖骨架沟槽，其尺寸根据骨架尺寸而定。砌筑骨架时应先砌筑骨架衔接处，再砌筑其他部分骨架，两骨架衔接处应处在同一高度。骨架与边坡水平线成 45°左右，互相垂直铺设；施工时应自下而上逐条砌筑骨架。骨架应与边坡密贴，骨架流水面应与草皮表面平顺。

（3）客土回填。骨架砌好后，即填充改良客土，充填时要使用振动板使之密实，靠近表面时用潮湿的黏土回填。

（4）铺设草皮。铺草皮时，把运来的草皮块顺次平铺于坡面上，草皮块与块之间应保留 5mm 的间隙，块与块的间隙填入细土。铺好的草皮在每块草皮的四角用尖桩固定，长 20～30cm、粗 1～2cm。钉尖桩时，尖桩与坡面垂直，尖桩露出草皮表面不超过 2cm。待铺草皮告一段落时，要用木锤将草皮全面拍一遍，以使草皮与坡面密贴。在坡顶及坡边缘铺草皮时，草皮应嵌入坡面内，与坡缘衔接处平顺，以防止草皮下滑。

（5）盖无纺布。雨季施工，为使草种免受雨水冲失，并实现保温保湿，应加盖无纺布，促进草种的发芽生长。也可采用稻草、秸秆编织覆盖。

（6）植生袋植草。

1）植生袋准备。根据现场边坡条件及时调整植生袋的规格以及草种植物配比，按要求的绿化基质拌和后装袋。

2）植生袋回填。清理拱形骨架护坡内多余的碎石等杂物，保证清理后的坡面比拱形骨架面低 20cm 以上，在植生袋最底层先垫铺 5～8cm 碎石，便于坡面积水排出，用配好种子并加工好的植生袋装填种植土，由下而上均匀码在拱形骨架内。第一排植生袋按纵向铺设，第二排向上按横向铺设植生袋并压实，每两层植生袋的铺设位置呈品字形结构。

3）养护。对滑落的植生袋及时补填；保证边坡的水分供应。在草和灌木生长成坪、根系将边坡土层固定之后，可不再进行日常的人工养护。

3.10.3　工程量记录表

植物护坡记录表模板见表 3-6。

表 3-6　　　　　　　　　　　　植物护坡记录表模板

分区	骨架防护面积（m²）	草皮面积（m²）	植生袋面积（m²）
站区			

临时措施设计

开发建设项目从动工兴建到建成投产运行，往往历时较长，如不及时落实"三同时"（防治污染和其他公害的设施和其他环境保护设施，必须与主体工程同时设计、同时施工、同时投产使用）制度和采取有效措施，可能会造成严重的水土流失。临时防护工程是开发建设项目水土保持措施体系中不可缺少的重要组成部分，在整个防治方案中起着非常重要的作用。

根据特高压工程在建设中的项目组成、扰动地表形式、水土流失强度及危害等方面的一致性，可预见在建设和运行过程中都不可避免会破坏、扰动地表植被或形成开挖、地堑等再塑地貌，这些裸露地表在大风和强降雨作用下极易产生水土流失，如不及时采取措施可能造成严重的水土流失，因此临时防护措施是必不可少的。

水土保持临时防护措施是特高压工程水土保持方案中水土保持措施不可缺少的部分，常见的水土流失临时防治措施主要有拦挡措施、排水措施、苫盖措施、临时植物防护措施等。

1. 临时措施设计的基本原则

GB 50433—2018《生产建设项目水土保持技术标准》中对临时防护工程的一般规定：

（1）施工建设过程中，临时堆土（石、渣）必须设置专门堆放场地，集中堆放，并应采取拦挡、覆盖等措施。

（2）对施工开挖、剥离的地表熟土，应安排场地集中堆放，用于工程施工结束后场地的覆土利用。

（3）对施工中裸露地，在暴雨、大风时应布设防护措施。

（4）施工建设场地应布设临时护栏、排水、沉沙等设施，防治施工期间的水土流失。

（5）裸露时间超过一个生长季节的，应进行临时种草。

（6）临时施工道路应统一规划，提出典型设计，并采取临时性防护措施。

（7）施工中对下游及周边造成影响的，必须采取相应的防护措施。

对施工场地开挖应符合下列规定：

1）对施工场地的地表熟土层，剥离后应集中存放于专门堆放场地，并采取防止其流失的措施。

2）对植被稀少、生长缓慢地区的林草、草皮等，应将地表植被连同其下熟土层一起移植至其他地方，工程结束后回植于施工场地。

3）项目建设施工中，临时堆土（石、渣）及建材应分类集中堆放，并建临时性挡渣、排水、沉沙等工程，对堆放时间长的土、石、渣体还应临时种草。

2. 临时措施设计的设计要求

（1）可行性研究阶段设计要求。在可行研究阶段，初步拟定临时防护工程的类型、布置、断面，并估算工程量。

（2）初步设计阶段设计要求。在初步设计阶段，应结合主体工程设计，确定临时防护工程的类型、布置、结构、断面尺寸等，明确防护工程量、建筑材料来源及运输条件。

4.1　临　时　拦　挡

常见的临时拦挡措施包括编织袋（草袋）装土、彩钢（竹栅）围栏等。

4.1.1　基本原则和设计要求

临时挡土（石）工程应符合下列规定：

（1）宜在场地的下边坡修建。

（2）平地区应在临时弃渣体周边布设。

（3）临时挡土（石）工程的规模应根据渣体的规模、地面坡度、降雨等情况分析。

（4）临时挡土（石）工程的防洪标准可根据确定的工程规模、相应的弃渣防治工程的防洪标准确定。

4.1.2　措施类型

1. 编织袋挡墙

适用于特高压工程施工期间临时堆土（石、渣、料）、施工边坡坡脚的临时拦挡防护，多用于土方的临时拦挡。编织袋（草袋）填料一般就近取用工程防护的土（石、渣、料）或工程自身开挖的土石料，施工后期拆除编织袋（草袋）。

剥离表土、临时堆土、临时物料堆放、临时弃渣区等周边应采用编织土袋挡墙拦挡，大风及暴雨天气时用土工布、防雨布、塑料布、抑尘网覆盖。根据渣体的规模、地面坡度、降雨等情况，确定临时拦挡工程的规模。

临时拦挡措施一般采用编织袋、草袋装土进行挡护，编织袋（草袋）装土布设于堆场周边、施工边坡的下侧，其断面形式和堆高在满足自身稳定的基础上根据堆体形态及地面坡度确定。一般采取"品"字形紧密排列的堆砌护坡方式，挡护基坑挖土，避免坡下出现不均匀沉陷，铺设厚度一般为 0.4～0.6m，坡度不应陡于 1:1.2～1:1.5，高度宜控制在 2m 以下。编织袋（草袋）填土交错垒叠，袋内填充物不宜过满，一般装至编织袋（草袋）容量的 70%～80% 为宜。同时，对于水蚀严重的区域，在"品"字形编织袋、草袋挡墙的外侧需布设临时排水设施，风蚀区则不考虑。

临时拦挡（编织袋挡墙）示意图见图 4-1。工程量计算见表 4-1。

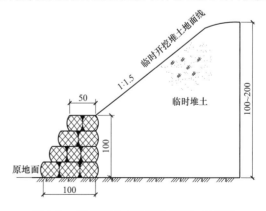

图 4-1　临时拦挡（编织袋挡墙）示意图

表 4-1 临时拦挡（编织袋挡墙）工程量计算表

工程类别	工程名称	结构形式	规格	单位	工程量
临时措施	编织袋挡墙	编织袋填筑	根据实际确定	m³	根据实际确定
		编织袋拆除		m³	
		塑料布		m²	

2. 临时土埂拦挡

输水管线、输电线路和其他管线临时开挖的土石方应采用临时土埂拦挡。在施工前先剥离表土，剥离厚度 0.3m，堆放在管线一侧（表土可作为后期绿化用覆土），表土夯实为梯形土堤（土堤规格可根据管线开挖量大小确定），作为开挖土石的临时拦挡。然后，再进行管沟（深层土）开挖，开挖土方堆放在管线一侧（可以与表土分层堆放，但不得相混），分段开挖，及时回填。大风及暴雨天气时用土工布、防雨布、塑料布、抑尘网覆盖。临时拦挡（土埂）示意图见图 4-2。工程量计算表见表 4-2。

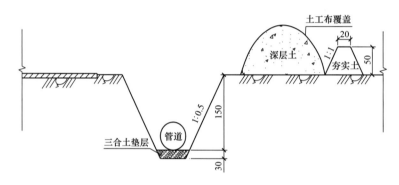

图 4-2　临时拦挡（土埂）示意图

表 4-2 临时拦挡（土埂）工程量计算表

工程类别	工程名称	结构形式	规格	单位	工程量
临时措施	土埂拦挡	夯实土	根据实际确定	m³	根据实际确定
		土工布		m²	

3. 彩钢板拦挡

特高压工程途经生态脆弱区时，为了减少对周围地表的扰动，宜采取彩钢（竹栅）围栏等进行临时拦挡。适用于特高压工程施工期间临时堆土（石、渣、料）、施工边坡坡脚、草原牧场等环境敏感区域的临时拦挡防护，具有节约占地、施工方便、可重复利用和减少项目建设对周边景观影响等优点。根据拦挡和施工要求可选择彩钢板、竹栅等形式。

彩钢夹芯板厚度一般为 50～250mm，长度根据需要确定，宽度 1150（1200）mm。

在平原区，沿施工区或堆场周边布设围栏。为保证其拦挡效果，在堆体的坡脚预留约 1m 的距离，围栏高度控制在 1.5～2m 范围内；在山区、丘陵区，围栏布设于施工边坡下侧，高度根据堆体的坡度及高度确定。围栏底部基础根据堆场周边地质及环境要求，选择混凝土底座、砖砌底座或脚手架钢管作为支撑。设计混凝土、砖砌底座围栏时应先整平场地，后浇筑混凝土或砌砖，粉刷构筑物基础，制作并安装立杆，安装彩钢板，使用结束后拆除。设计脚手架钢管围栏时应先打入脚手架钢管，后将彩钢板或竹栅等用铁丝捆绑在钢管上，使用结束后拆除。

临时拦挡（彩钢板）示意图见图 4-3。工程量计算表见表 4-3。

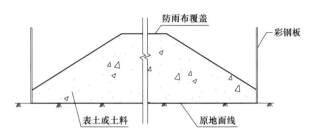

图 4-3 临时拦挡（彩钢板）示意图

表 4-3　　　　　　　　　　　临时拦挡（彩钢板）工程量计算表

工程类别	工程名称	结构形式	规格	单位	工程量
临时措施	彩钢板拦挡	彩钢板	彩钢板高 2m，宽 1.2m	m²	根据实际确定
		塑料布		m²	

4.2 临 时 排 水

临时排水是指为了防止施工期间降水对特高压工程施工区、临时堆土堆料场以及周边区域产生影响和造成水土流失，通过对降水的汇集、排导至已有排水沟或安全的自然沟道以控制水土流失的措施。临时排水措施包括临时土质排水沟、临时浆砌石排水沟和临时砖砌排水沟。

4.2.1 临时土质排水沟

临时土质排水沟施工简便、造价低，但其抗冲、抗渗、耐久性差、易崩塌，运行中应及时维护。临时土质排水沟适用于使用期短、设计流速较小的排水沟。施工期在 1 年以内，原地表为黏土或黏壤土，施工场地周边和临时堆土场周边应布设临时土质排水沟。临时土质排水沟一般采用倒梯形断面，开挖后对沟底和沟壁进行夯实，夯实厚度 10～15cm，并用土工膜或塑料薄膜覆盖，以防止水力冲刷。

1. 典型设计的基本要求

（1）排水沟的设计应具有占地少、工程量小、施工和管理方便等特点；与道路等交会处，应设置涵管或盖板以利于施工机具通行。

（2）对于平缓地形条件下设置排水沟，其断面尺寸可根据当地经验确定；必要时，在排水沟末端设置沉沙池。

（3）排水沟沟道比降应根据沿线地形、地质条件、上下级沟道水位衔接条件、不冲不淤要求以及承泄区的水位变化等情况确定，并应与沟道沿线地面坡度接近。

（4）挖沟前应先整理排水沟基础，铲除树木、草皮及其他杂物等；填土不得含有树根、杂草及其他腐蚀物。

（5）挖掘沟身时须按设计断面及坡降进行整平，便于施工并保持流水顺畅。

（6）填土部分应充分压实，并预留排水沟设计高度 10% 的沉降率。

2. 断面尺寸设计

（1）断面形状确定。土质排水沟多采用梯形断面，其边坡系数应根据开挖深度、沟槽土质及地下水情况等条件经稳定性分析后确定。最小边坡系数按表 4-4 取值。

表 4-4　　　　　　　　　　　　　　土质排水沟最小边坡度数

开挖深度　　　　土质度数	<1.5	1.5～3.0
黏土、重壤土	1：1.0	1：1.25～1：1.5
中壤土	1：1.5	1：2.0～1：2.5
软壤土、砂壤土	1：2.0	1：2.5～1：3.0
砂土	1：2.5	1：3.0～1：4.0

（2）径流量估算。

1）设计最大径流量（过水能力）Q 按式（4-1）计算：

$$Q = AC\sqrt{Ri} = \frac{1}{n}AR^{2/3}i^{1/2} \tag{4-1}$$

式中　n——渠道糙率；

$\quad\quad A$——断面面积，m^2；

$\quad\quad C$——谢才系数；

$\quad\quad R$——水力半径，m；

$\quad\quad i$——坡降。

2）水力半径 R 值按式（4-2）计算：

$$R = A/\chi \tag{4-2}$$

式中　R——水力半径；

$\quad\quad A$——排水沟断面面积；

$\quad\quad \chi$——截（排）水沟断面湿周。

3）设计洪水量 Q_m 按式（4-3）计算：

$$Q_m = 0.278kiF \tag{4-3}$$

式中　Q_m——设计洪水量，m^3/s；

$\quad\quad k$——径流系数，一般取 0.8；

$\quad\quad i$——每小时暴雨量降雨强度，mm/h；

$\quad\quad F$——集水面积，km^2。

（3）断面大小确定。测定排水沟纵坡，依据径流量大小、水力坡降，通过计算求得所需断面大小。沟面衬砌材料及断面形状根据现场状况、作业需要及流量等因素确定。

临时土质排水沟示意图见图 4-4。

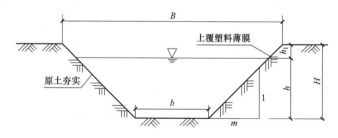

图 4-4　临时土质排水沟示意图

工程量计算表见表 4-5。

表 4-5 临时土质排水沟工程量计算表

工程类别	工程名称	结构形式	规格	单位	工程量
临时措施	临时土质排水沟	人工挖排水沟	梯形断面，上底宽为 B，下底宽为 b，深为 H，长为 L，边坡系数为 m	m^3	$(B+b)\times 2HL/2$
		人工夯实土方		m^3	$0.15\times(2HL\sqrt{m^2+1}+bL)$
		铺土工膜/塑料薄膜		m^2	$2HL\sqrt{m^2+1}+bL$
		土方回填		m^3	$(B+b)\times 2HL/2$

4.2.2 临时浆砌石排水沟

施工期较长（1 年以上或跨越一个雨季），且当地石材丰富，施工场地周边宜布设临时浆砌石排水沟，排水沟可采用矩形断面或倒梯形断面。开挖后对沟底和沟壁进行夯实，沟底铺筑砂砾石垫层，排水沟用浆砌石衬砌，表面用水泥砂浆抹面。砌石质量要求稳、平、错、满，砌体要稳固，表面要齐平，石缝要错开，石缝之间砂浆要填满；砌石力求紧凑密实，缝宽不能大于 2cm，垂直缝交错距离不得小于 8cm；砌石采用坐浆、挤浆法，边铺浆边砌石，施工中须填实，并加捣固；浆砌石采用 M7.5 水泥砂浆砌筑；采用 M10 水泥砂浆抹面，厚度为 2cm；基础采用 15cm 原土夯实，并铺设 10cm 碎石垫层。排水沟在运行中应及时清淤，暴雨后及时进行检修。

1. 矩形断面

临时浆砌石水沟（矩形断面）示意图见图 4-5，其工程量计算表见表 4-6。

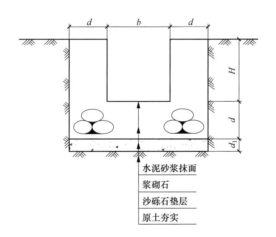

图 4-5 临时浆砌石排水沟（矩形断面）示意图

表 4-6 临时浆砌石排水沟（矩形断面）工程量计算表

工程类别	工程名称	结构形式	规格（cm）	单位	工程量
临时措施	浆砌石临时排水沟	人工挖排水沟	矩形断面，宽为 b，深为 H，长为 L，浆砌石厚为 d，砂砾石垫层厚 d_1	m^3	$(H+d+d_1)\times bL$
		人工夯实土方		m^3	$(2H+4d+2d_1+b)\times 0.15L$
		砂砾石垫层		m^3	$(b+2d)\times d_1L$
		浆砌石		m^3	$(2H+2d+b)\times d$
		水泥砂浆抹面		m^2	$(b+2H)\times L+2d$

2. 梯形断面

临时浆砌石排水沟（梯形断面）示意图见图 4-6，其工程量计算表见表 4-7。

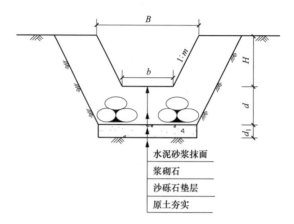

水泥砂浆抹面
浆砌石
沙砾石垫层
原土夯实

图 4-6　临时浆砌石排水沟（梯形断面）示意图

表 4-7　　　　　　　　　临时浆砌石排水沟（梯形断面）工程量计算表

工程类别	工程名称	结构形式	规格	单位	工程量
临时措施	临时浆砌石排水沟	人工挖排水沟	梯形断面，上底宽为 B、下底宽为 b、深为 H、长为 L，边坡系数为 m，原土夯实 15cm，浆砌石厚为 d，垫层厚为 d_1、宽为 b_1	m^3	$(B+2d\sqrt{m^2+1}+b_1)(H+d)L/2+d_1b_1L$
		人工夯实土方		m^3	$0.15L[2(H+d)\sqrt{m^2+1}+b_1]$
		砂砾石垫层		m^3	$d_1L[B+2d\sqrt{m^2+1}-2m(H+d)]$
		浆砌石		m^3	$(B+2d\sqrt{m^2+1}+b_1)(H+d)L-(B+b)HL/2$
		水泥砂浆抹面		m^2	$(b+2H\sqrt{m^2+1}+2d\sqrt{m^2+1})L$

注　垫层宽 $b_1=B+2d\sqrt{m^2+1}-2m(H+d)$。

4.2.3　临时砖砌排水沟

施工期较长，施工场地周边可布设临时砖砌排水沟，可采用矩形断面或倒梯形断面。开挖后对沟底和沟壁进行夯实，用黏土砖或灰砂砖砌筑，表面用水泥砂浆勾缝，底部用砂砾石垫层。

1. 砖砌排水沟的基本要求

（1）按照 GB 50288—2018《灌溉与排水工程设计规范》的规定，排水沟设计水位应低于地面不少于 0.2m。

（2）排水沟设计应具有占地少、工程量小、施工和管理方便等特点；与道路等交会处，应设置涵管或盖板以利于施工机具通行。

（3）对于平缓地形条件下设置排水沟，其断面尺寸可根据当地经验确定；必要时，需在排水沟末端设置沉沙池。

（4）排水沟沟道比降应根据沿线地形、地质条件、上下级沟道的水位衔接条件、不冲不淤要求以及承泄区的水位变化等情况确定，并应与沟道沿线地面坡度接近。

（5）上、下级排水沟应按分段流量设计断面；排水沟分段处水面应平顺衔接。由于流速较大，沿排水沟每隔适当长度及最下游，视需要设置跌水等消能设施。

（6）挖沟前应先整理排水沟基础，铲除树木、草皮及其他杂物等。

（7）挖掘沟身时需按断面设计及降坡进行整平，以利于施工并保持流水顺畅。

（8）在使用红砖前应充分润湿，形状不良的红砖尽量用于沟底。各层红砖应尽量平行，垂直接缝应相互交错并与墙面成直角。

（9）砂浆随拌随用，保持适宜稠度，在拌和 3～5h 后使用完毕。运输过程或存储过程中如发生离析、泌水，砌筑前应重新拌和；已凝结的砂浆不得再使用。

（10）排水沟的弃土和局部取土坑应结合筑渠、修路和土地平整加以利用。填土堆放位置应事先合理安排，以免再度搬移，减少水土流失。

（11）沟槽开挖。首先用白灰沿排水沟沟底、边线在地面上放线，采用挖掘机械开挖。开挖至距设计尺寸 10～15cm 时，改以人工挖掘。人工修整不得扰动沟底及坡面原土层，不允许超挖，直至设计尺寸。

（12）沉降缝的设置。施工段长度以 20～50m 分段砌筑，每隔 10～15m 设置沉降缝，用沥青麻絮或其他防水材料填充。

（13）勾缝及养生。勾缝一律采用凹缝，砌体勾缝嵌入砌缝 20mm 深，缝槽深度不足时，应凿至深度后再勾缝。每一段砌筑完毕，待砂浆初凝后，用湿草帘覆盖，定时洒水养护，需覆盖养护 7～14d。

2. 断面尺寸设计

（1）沟面材料及断面形状确定。沟面衬砌材料及断面形状根据现场状况、作业需要及流量等因素确定。砖砌排水沟可采用梯形、抛物线形或矩形断面。

（2）径流量估算。设计最大径流量（过水能力）Q 按式（4-1）计算，水力半径 R 值按式（4-2）计算，设计洪水量 Q_m 按式（4-3）计算。

（3）断面大小确定。测定排水沟纵坡，依据径流量大小、水力坡降，通过计算求得所需断面大小。

1）矩形断面。

临时砖砌排水沟（矩形断面）示意图见图 4-7，其工程量计算表见表 4-8。

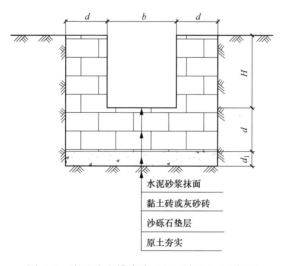

图 4-7 临时砖砌排水沟（矩形断面）示意图

表 4-8 　　　　　　　　　　临时砖砌排水沟（矩形断面）工程量计算表

工程类别	工程名称	结构形式	规格（cm）	单位	工程量
临时措施	临时砖砌排水沟	人工挖排水沟	矩形断面，宽为b，深为H，长为L，浆砌石厚为d，砂砾石垫层厚为d_1	m³	$(H+d+d_1)BL$
		人工夯实土方		m³	$(2H+4d+2d_1+b)\times0.15L$
		砂砾石垫层		m³	$(B+2d)d_1L$
		黏土砖或灰砂砖		m³	$(2H+2d+B)d$
		水泥砂浆抹面		m²	$(B+2H)L+2d$

2）梯形断面。临时砖砌排水沟（梯形断面）示意图见图 4-8，其工程量计算表见表 4-9。

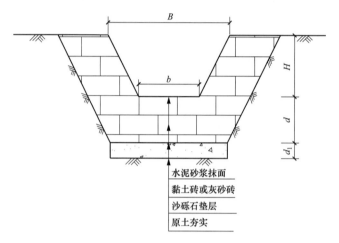

图 4-8　临时砖砌排水沟（梯形断面）示意图

表 4-9 　　　　　　　　　　临时砖砌排水沟（梯形断面）工程量计算表

工程类别	工程名称	结构形式	规格	单位	工程量
临临时措施	临时砖砌排水沟	人工挖排水沟	梯形断面，上底宽为B，下底宽为b，深为H，长为L，边坡系数为m，原土夯实为15cm，砖砌层厚为d(24cm)，垫层厚为d_1、宽为b_1	m³	$(B+2d\sqrt{m^2+1}+b_1)(H+d)L/2+d_1b_1L$
		人工夯实土方		m³	$0.15L[2(H+d)\sqrt{m^2+1}+b_1]$
		砂砾石垫层		m³	$d_1L[B+2d\sqrt{m^2+1}-2m(H+d)]$
		黏土砖或灰砂砖		m³	$(B+2d\sqrt{m^2+1}+b_1)(H+d)L-(B+b)HL/2$
		水泥砂浆抹面		m²	$(b+2H\sqrt{m^2+1}+2d\sqrt{m^2+1})L$

注　垫层宽 $b_1=B+2d\sqrt{m^2+1}-2m(H+d)$。

4.2.4　水土保持要求

临时砖砌排水沟的水土保持要求与 4.2.1 章节的临时土质排水沟水土保持要求相同，在此不再重复。其断面尺寸设计亦按照临时土质排水沟最小边坡系数进行取值。

4.3　临　时　覆　盖

临时覆盖措施是指为了防止施工期水土流失及扬尘危害所采取的措施。根据选用苦盖材料的不同，可分为防尘网、密目网、土工布苦盖等。

临时覆盖适用于风蚀严重地区或周边有明确保护要求的特高压工程的扰动裸露地、堆土、弃渣、砂砾料等的临时防护；也可用于暴雨集中地区的控制和减少雨水溅蚀冲刷临时堆土（料）和施工边坡。

4.3.1 设计要求

临时覆盖应符合下列规定：

（1）对临时堆放的渣土，应用土工布、塑料布、抑尘网等覆盖，避免水土流失。

（2）风沙区部分场地可用草、树皮等临时覆盖。

4.3.2 措施类型

在输变电工程施工中，应用最为广泛的临时覆盖措施就是表面覆盖，此处亦仅对表面覆盖措施做进一步陈述。

苫盖材料面积的确定需要先估算堆土（料）的表面积，然后按照 1.2～1.5 的倍数确定苫盖材料的面积。

基坑开挖、剥离表土、临时堆土、临时堆料、临时弃渣等裸露面、建筑用砂石料的运输过程中应采用土工布、防雨布、塑料布或抑尘网覆盖，降低雨水对松散土体的冲刷和防止风力侵蚀。

工程量计算表见表 4-10。

表 4-10 表面覆盖工程量计算表

工程类别	工程名称	结构形式	规格	单位	工程量
临时措施	表面覆盖	土工布、防雨布、塑料布或抑尘网	根据实际确定	m²	根据实际确定

1. 防尘网、彩条布苫盖

（1）典型设计图及工程实例照片。临时苫盖俯视典型设计见图 4-9 和图 4-10。

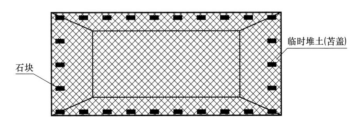

图 4-9 临时苫盖俯视典型设计图

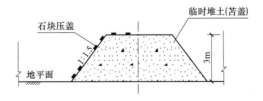

图 4-10 临时苫盖剖面典型设计图

防尘网、彩条布苫盖实例图片参见附录 4。

（2）水土保持要求。对临时堆放的渣土和当地材料供应的情况，选用防尘网、彩条布等苫盖，周边用重物压实，避免刮风引起的扬尘及降雨形成径流。苫盖用料根据堆土面积计算，按照 1.2～1.5 的倍数进行苫盖。

（3）工程量记录表。防尘网、彩条布苫盖工程量记录表见表 4-11。

表 4-11   防尘网、彩条布苫盖工程量记录表

分区	防尘网（m²）	彩条布（m²）
站区		
进站道路		
施工生产生活区		
站外供排水工程		
站用电源区		
施工力能区		
专项设施迁建区		

2. 彩条布铺垫

（1）工程实例照片。彩条布铺垫实例图片参见附录 4。

（2）水土保持要求。对临时堆放的渣土和当地材料供应情况，选用彩条布等铺垫在底部，减少清理渣土时对原地貌的扰动。铺垫用料根据堆土面积计算，按照 1.2～3 的倍数进行铺垫。

（3）工程量记录表。彩条布铺垫工程量记录表见表 4-12。

表 4-12   彩条布铺垫工程量记录表

分区	彩条布铺垫（m²）
站区	

4.4 临 时 沉 沙 池

沉沙池一般布设在蓄水池进水口的上游附近。排水沟（或排水型截水沟）排出的水量先进入沉沙池，泥沙沉淀后，再将清水排入池中。

沉沙池的具体位置，根据当地地形和工程条件确定，可以紧靠蓄水池，也可以与蓄水池保持一定距离。

沉沙池为矩形，宽 1～2m，长 2～4m，深 1.5～2.0m。要求其宽度为排水沟宽度的 2 倍，长度为池体宽度的 2 倍，并有适当深度，以利于水流入池后能缓流沉沙。沉沙池的进水口和出水口，参照蓄水池进水口尺寸设计，并做好石料（或砂浆砌砖或混凝土板）衬砌。

4.4.1 临时土质沉沙池

施工期较短，项目区土壤为黏性土时，可采用临时土质沉沙池。临时沉砂池和临时排水沟配合使用，共同防治施工期间的水土流失。沉沙池开挖后对池底和池壁夯实，夯实厚度为 10～15cm，表面用塑料薄膜覆盖，施工结束后对沉沙池进行拆除，并回填夯实。

临时土质沉沙池（梯形断面）示意图见图 4-11，其工程量计算表见表 4-13。

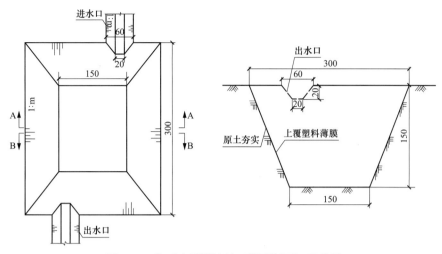

图 4-11　临时土质沉沙池（梯形断面）示意图

表 4-13　　　　　　　　临时土质沉沙池（梯形断面）工程量计算表

工程类别	工程名称	结构形式	规格	单位	工程量
临时措施	临时土质沉沙池	人工挖土方	长 3m，宽 3m，深 1.5m，边坡 1：0.5	m³	6.75
		人工夯实土方		m³	2.03
		铺塑料薄膜		m²	15.9
		土方回填		m³	6.75

4.4.2　临时机砖抹面沉沙池

施工期较长，或项目区土壤为沙土或沙壤土时，可采用临时砖砌沉沙池。临时沉砂池和临时排水沟配合使用，共同防治施工期间的水土流失。沉沙池开挖后对池底和池壁原土夯实，采用灰砂砖或黏土砖衬砌，表面用水泥砂浆抹面。施工结束后对沉沙池进行拆除，并回填夯实。

临时机砖沉沙池（梯形）示意图见图 4-12，其工程量计算表见表 4-14。

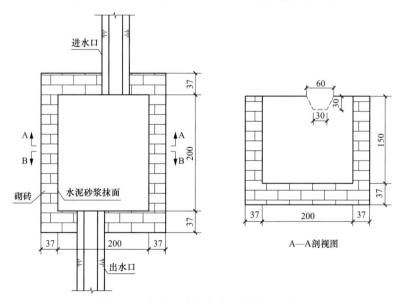

图 4-12　临时机砖沉沙池（梯形）示意图

表 4-14 临时砖砌沉沙池（梯形断面）工程量计算表

工程类别	工程名称	结构形式	规格	单位	工程量
临时措施	临时砖砌沉沙池	人工挖土	长 2m，宽 2m，深 1.5m	m³	14.04
		人工夯实土方		m³	3.07
		砖块		m³	8.04
		水泥砂浆抹面		m²	12
		土方回填		m³	14.04

4.4.3 临时块石抹面沉沙池

施工期较长，项目区石材丰富，或项目区土壤为沙土或沙壤土时，可采用临时块石抹面沉沙池。临时沉砂池和临时排水沟配合使用，共同防治施工期间的水土流失。沉沙池开挖后对池底和池壁原土夯实，采用浆砌石衬砌，表面用水泥砂浆抹面。施工结束后对沉沙池进行拆除，并回填夯实。

临时块石抹面沉沙池（梯形）示意图见图 4-13，其工程量计算表见表 4-15。

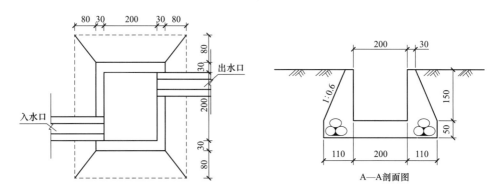

图 4-13 临时浆砌石沉沙池（梯形）示意图

表 4-15 临时浆砌石沉沙池（梯形断面）工程量计算表

工程类别	工程名称	结构形式	规格	单位	工程量
临时措施	临时浆砌石沉沙池	人工挖土	长 2m，宽 2m，深 1.5m	m³	35.28
		人工夯实土方		m³	5.04
		浆砌石		m³	17.64
		水泥砂浆抹面		m²	6
		土方回填		m³	35.28

4.5　泥浆池及沉淀池

泥浆池及沉淀池典型设计见图 4-14。

泥浆池及沉淀池的水土保持要求是：灌注桩基础施工时会产生钻渣浆，因此需采取措施对塔基基础产生的钻渣进行处理。施工过程中，需在灌注桩外侧设置泥浆池来存放钻孔施工需要的泥浆；泥浆池外侧还需设置沉淀池对钻渣浆进行沉淀和固化处理。

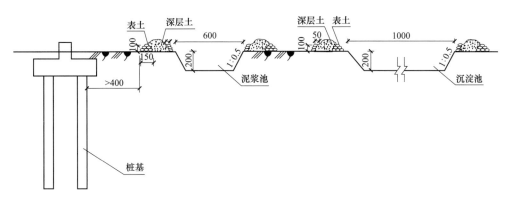

图 4-14　泥浆池及沉淀池典型设计图

沉淀池及沉淀池采用半挖半填方式，其尺寸根据钻渣泥浆量确定，池壁开挖坡比控制在1∶0.5，以保持边坡的稳定。泥浆池及沉淀池挖方土临时堆置于池的四周，堆土内侧、外侧坡脚采用编织袋装土围护。施工结束后，对施工场地区进行坑凹回填，土地整治。

泥浆池及沉淀池工程量记录表见表 4-16。

表 4-16　　　　　　　　　泥浆池及沉淀池工程量记录表

分区	泥浆池		沉淀池（m³）	
	池体开挖（m³）	填土编织袋拦挡（m³）	池体开挖（m³）	填土编织袋拦挡（m³）
塔基区				

输变电工程水土保持措施设计案例

本章将根据不同地区的输变电工程介绍不同的水土保持案例。

5.1 赣南 500kV 输变电工程

5.1.1 项目地点

江西省是我国水土流失较为严重的地区之一，近年来该省在水土保持方面做了很大的努力并取得了一定的成就，但由于自身自然地理条件的特殊性，加之长期以来对水土资源的不当利用，当前江西省的水土流失仍然呈现出面积大、分布广、流失严重的特点。从社会经济可持续发展的角度出发，江西省水土流失的治理依然是不可忽视的问题。赣南地区是江西省水土流失最严重的区域，此案例中的赣州南 500kV 输变电工程就位于赣南地区。

5.1.2 项目概况

赣州南 500kV 输变电工程为新建工程，包括赣州南 500kV 变电站、赣州 500kV 变电站扩建以及配套的赣州—赣州南 500kV 双回输电线路。新建变电站站址位于赣州市章贡区沙石镇，输电线路经过赣州市章贡区、赣县、信丰县、龙南县，全线长 2×90.855km，共有塔基 271 基。总占地面积 22.41hm²，其中永久占地 13.51hm²，临时占地 8.90hm²。土石方总量为 132.18 万 m³，其中总挖方 66.77 万 m³，总填方 65.41 万 m³，无借方，临时弃土 1.36 万 m³。

5.1.3 项目区概况

赣州南 500kV 变电站所在地形为丘陵地貌，由 2～3 个山丘组成，地形起伏较大，相对高差较大。输电线路所经区域地形以山丘为主，地形标高和形态特征均较复杂，高山占 8.3%，山地占 62.6%，丘陵占 10.6%，河网泥沼占 18.5%。项目所在区域属中亚热带湿润季风区，年平均气温为 18.9～19.5℃，年均降水量 1446.0～1526.3mm。项目地处我国南方红壤丘陵区，土壤侵蚀类型以水力侵蚀为主，土壤侵蚀背景值为 624t/(km²·a)，建设前水土流失面积 2.43hm²，占项目总面积的 10.84%。

5.1.4 项目水土流失特点

在项目建设过程中，变电站的修建，塔基的施工、安装，牵张场地和施工场地的占压，施工道路和人抬道路的修建等施工活动都会扰动原地貌、损坏土地和植被，造成不同程度的水土流失。变电站属于点状分布，单个占地面积较大且施工强度大，短时间内造成较为严重的地表扰动后果和水土流失。该项目变电站建设内容包括站区、进站道路和站外供排水管线。变电站建设扰动原地貌，使地表层土壤直接裸露，破坏土壤结构，容易产生水土流失。同时，由于场地平整、开挖与回填工程量大，挖方边坡在降雨的作用下易引发滑坡、崩塌等形式的水土流失，填方边坡结构较松散，抗侵蚀能力弱，易发生片蚀、沟蚀等形式的水土流失。剥离的表层土和临时堆放的回填土，如无防护措施也会产生严重的水土流失。输电线路作为线型工程，空间跨度大，扰动点分散，项目区地貌类型及水土流失类型多样化，同时还具有历时短、总体水土流失强度较小但局部点状水土流失强烈的特点。该项目输电线路建设内容包括塔基、施工场地、牵张场地、施工简易道路和人抬道路。施工准备期施工场地的清表和土地平整等活动，使得原地貌被破坏，土层裸露，是产生水土流失危害的主要环节。施工期塔基的开挖，尤其山地塔基施工的弃渣堆放，将损坏植被、破坏土体结构以及形成松散的堆积物，均易造成水土流失；牵张场施工时铺设钢板，施工临时占地停放施工机械、堆放施工材料会对地面造成碾压破坏，易造成土壤板结；新建的施工简易道路和人抬道路，破坏原地表的水土保持设施与植被，产生水土流失。

5.1.5 项目水土流失防治措施

根据赣州南 500kV 输变电工程不同防治分区的水土流失特点，合理布设了水土保持措施，形成工程措施、植物措施、临时措施相结合的水土流失防治措施体系。

1. 变电站防治区

在工程施工前，对变电站防治区可以剥离的表土进行剥离，临时集中堆放至站区空地内，采用了塑料布、蛇皮布等覆盖，在堆土坡脚采用了草袋装土等临时拦挡，作为施工后期绿化覆土。填方边坡采用了加筋挡土墙（主要材料有土工格栅、生态袋、链接扣、草籽、化肥等）护坡；风化破碎稳定的挖方边坡采用了浆砌石人字型骨架护坡，骨架内植草灌，松散的土石质挖方边坡采用点锚杆喷浆护坡。排水是根据地形在站址四周修建浆砌石排水沟，在最低处设置沉沙池，沉沙后顺接自然沟道，挖方边坡排水由边沟、平台沟、截水沟和急流槽组成。变电站内绿化主要为办公楼前后空地，采用园林绿化。进站道路防治区施工前先清基，剥离的表土与变电站表土一同堆放、防护。路基挖方边坡采用了浆砌石人字型骨架护坡，骨架内植草灌；4m 以内的填方边坡采用了植草灌护坡，大于 4m 的填方边坡采用了浆砌石框格护坡，框格内铺植草皮。挖方边坡布设了截水沟，路面排水措施的布设与道路的走向一致。道路两侧栽植行道树。

2. 塔基防治区

塔基大多位于山地丘陵区，该区表土资源匮乏，植被遭到破坏后不易恢复。施工前对表土进行剥离，集中堆放，并用彩条布苫盖。为了保证塔基的安全，部分塔基上坡面按照设计实施了截排水沟，下坡面布设了浆砌石挡墙或者骨架护坡。施工完毕之后，平整场地表土回填，栽植乔灌草进行了恢复植被；部分平原丘陵区可做耕地的，由当地农民进行复耕。塔基临时占地包括牵张场地、施工场地、简易施工道路和人抬道路。临时占地主要用于机械作业、材料堆放、设备组装以及运输装卸等，施工活动对土地的占压易使地表板结。施工前，对植被较好的区域进行表土剥离、草皮剥离；施工结束后，根据土地利用类型，土地整治后撒播草灌以恢复植被或者复耕。

3. 创新低扰动的工程技术

（1）加筋挡土墙边坡支护技术。变电站最大填方边坡高度 32m，平均填方高度 18m，挡土墙长度约 389m，为江西省输变电工程填方量、填方高度之最。填方边坡采用了加筋挡土墙边坡支护技术，此技术采用凸结点土工格栅筋材反包＋生态袋（形成墙面）相结合的方式构成加筋土挡墙，采用分级放坡形式，用生态袋堆码形成挡墙墙面。这不仅有效降低了对地基承载力的要求，而且通过袋内的草籽长草形成了绿化表面。相对于传统的重力式挡土墙加块石护坡，该工艺的应用使变电站征地减少了 47%，节约了土地资源，增加了绿化面积，减少了水土流失。

（2）低扰动塔基及塔型设计。该项目输电线路共 271 个塔基，其中山地（含高山）塔基占 70.9%。这些塔基大部分位于地形相对高差、坡度都较大的斜坡上，在施工过程中，充分应用了全方位长短腿并配合高低基础来适应起伏的原地形，减少了对原地貌的扰动，维持了植被和原土体的稳定性，达到了土石方工程量和弃渣量最少的效果。在保证塔基安全的前提下，对塔型依据不同的地质条件进行了优化设计，大部分塔基利用直柱全掏挖基础、斜柱半掏挖基础、岩石嵌固式基础等的原状土基础，除极少部分地质条件特殊的软塑土地基、淤泥质土较厚的地段采用了板式基础或者灌注桩类基础，减少了对原地貌的破坏、土石方工程量及弃渣量，从而减少了水土流失。

（3）低扰动放线及运输技术。在输电线路的施工过程中，选择了低扰动的放线和运输技术。采用不落地放线技术，初导绳、导引绳、牵引绳、导/地线的完全不落地展放，大大减少了输电线路施工中对植被等地面附着物及水土保持设施的损坏，减少了地面扰动。在材料设备的运输中，平原丘陵区的施工道路部分直接利用或拓宽原有道路，部分人抬道路利用了田间道路；在山地区采用索道类低扰动运输方式向塔位运输材料。在运输过程中，只需要修建通往牵张场、材料站和部分位于缓坡地的塔基的施工道路，减少了输电线路对地表的扰动，保护了土地资源。

5.2　500kV 国安输变电工程

5.2.1　项目地点

广东省地处中国大陆最南部，东邻福建，北接江西、湖南，西连广西，南临南海，珠江三角洲东西两侧分别与香港、澳门特别行政区接壤，西南部雷州半岛隔琼州海峡与海南省相望。受地壳运动、岩性、褶皱和断裂构造以及外力作用的综合影响，地貌类型复杂多样，有山地、丘陵、台地和平原，其面积分别占全省土地总面积的 33.7%、24.9%、14.2% 和 21.7%，河流和湖泊等只占全省土地总面积的 5.5%。广东属于东亚季风区，从北向南分别为中亚热带、南亚热带和热带气候，是全国光、热和水资源最丰富的地区之一。

5.2.2　项目概况

新建 500kV 国安变电站的站址区位于珠海市斗门镇大赤坎村东北约 1km 处。配合新建500kV 国安变电站两段输变电线路：至珠海电厂侧段和至桂山站侧段，线路全长 1.422km。全线共布设塔基 7 基，全线均按双回路同塔架设。其中至珠海电厂侧段线路长约 1.0km，共建 4 基铁塔，本段线路地形为 100% 丘陵；至桂山站侧段线路，长约 0.422km，共建 3 基铁塔，本段线路地形为 100% 低洼地。工程实际总占地 7.27hm²，其中永久占地面积 6.45hm²，临时占地 0.82hm²。

5.2.3　项目区概况

项目区位于珠海市斗门区斗门镇大赤坎村，变电站占地类型为丘陵地貌，线路所经有丘陵和低洼地。地理位置濒临南海，属中亚热带季风气候区，夏无酷热冬无严寒，多年平均气温22.4℃，多年平均降雨量2038.1mm，平均相对湿度80%。本地区降雨量年内分配不均，大多集中在汛期（4～9月），降雨强度大，每年均受台风影响。低山丘陵区主要为赤红壤、赤红泥，平原区主要为水稻土，主要植被类型以热带性属种较多。

5.2.4　项目水土流失防治措施

1. 工程措施

500kV国安变电站区共完成浆砌石防洪排水沟3093.41m³、挡土墙5638.16m³、站外护坡1072.4m³、浆砌石排水涵64m³，新建进站道路长度106.9m。丘陵山地线路区依山势环形修建截水沟，砂浆抹面工程量28m²，陡坡边建挡土墙78m³。塔基余土平整34.1m³。塔基施工避开了雨季进行，开挖土集中堆放，采取了临时拦挡措施，有效地防止了水土流失。

2. 植物措施

站区绿化面积3.35hm²，栽植盆架子、鸡蛋花等灌木，综合面积比原方案设计多了1.54hm²。站外挖方边坡在放坡处理后及时在坡面采取种植草皮、采用格块石护坡等防护措施，有效防止了水土流失发生。在站外表土临时堆放处，表土在站内回填后对临时堆土场进行平整，并采取种草等绿化措施以恢复植被，地表撒播草籽15kg。进站道路两侧（除桥梁两侧）单排栽植树木34株，比原设计减少了30株。线路区共铺草皮绿化面积0.32hm²；撒播草籽绿化共0.42hm²。在施工临时道路撒播草籽进行植被恢复，面积为0.06hm²。

3. 临时措施

变电站临时表土集中堆放，需采取临时防护措施。临时堆土场四周建有临时排水沟，临时堆土堆筑堰体462.5m³，临时堆土堆筑堰体排水沟71.2m，在排水沟下方建有临时堆土堆筑堰体沉沙池1座。临时材料堆积处，采用篷布苫盖以防止水土流失。临时措施都按照原方案计划施工，起到了良好的防护效果。

5.2.5　项目水土流失防治效果

1. 扰动土地整治率

该项目建设期间工程扰动土地总面积为7.27hm²，通过采取护坡、排水工程，种植乔灌草、土地整治以及路面硬化等措施，目前扰动土地整治面积达到7.24hm²，其中：工程措施面积1.49hm²，植物措施面积4.15hm²，建筑物及硬化固化面积为1.60hm²，因此该工程扰动土地整治率为99.6%。

2. 水土流失总治理度

水土流失总面积5.67hm²，完成水土流失防治达标面积5.64hm²，水土流失总治理度为99.5%。

3. 拦渣率与弃渣利用率

该工程开挖过程中土石方回填后的剩余量少。根据监理月报的记录，施工期弃渣基本上得到拦挡。通过现场核实，500kV国安输变电工程拦渣率为99.8%。

4. 土壤流失控制比

站址所在区域不属于强烈侵蚀区，这些区域的土壤侵蚀强度容许值为500t/(km²·a)。通过巡查监测，项目建设区内各项措施都已经完成，有完善的防护措施体系，对扰动后的治理很到位。就整个项目来说，平均土壤流失强度已经达到微度，目前项目区平均土壤侵蚀强度为417t/(km²·a)。土壤流失控制比为1.2。

5. 林草植被恢复率

主体工程征占地范围内实际可绿化面积为 4.17hm²，实际恢复林草类面积为 4.15hm²，林草植被恢复率为 99.5%。

6. 林草覆盖率

该项目建设区面积为 7.27hm²，林草面积 4.15hm²，该项目区的林草覆盖率为 57.1%。

5.3 达州宣汉北 220kV 输变电工程

5.3.1 项目地区

达州是四川省下辖的地级市，位于四川省东部，自东汉建县至今已有 1900 多年的历史，历为该地区州、郡、府、县所在地。达州辖区面积 16591km²，辖 2 个市辖区（通川区、达川区）、4 个县（宣汉县、开江县、大竹县、渠县）、代管 1 个县级市（万源市），另附加一个经济开发区，共 685.23 万人。达州地处川、渝、鄂、陕四省市结合部和长江上游成渝经济带，是国家规划定位的成渝经济圈、川东北城市群的重要节点城市。

5.3.2 项目概况

宣汉北工程主要由变电站新建工程、220kV 出线间隔扩建工程、亭—柳线路工程新建工程、柳—盖 π 入宣变线路工程 4 部分组成，线路全长 51km，占地总面积为 7.83hm²，其中永久占地 2.46hm²，临时占地 5.37hm²。变电站新建工程和柳池出线间隔扩建工程位于宣汉县，亭子出线间隔扩建工程位于达县，线路工程主要途径达州市的通川区、达县和宣汉县。

宣汉北变电站新建工程土石方平衡后，有 22800m³ 弃方（折合松方 31920m³）。根据设计单位与当地镇政府协商，选定普光镇芭蕉村一组旧湾作为弃渣场，该弃渣场距变电站站址运距约 3km，场地后缘有乡村道路通过，交通方便。输变电工程属于线型建设项目，线路跨距长，土建施工分散且呈点状分布。有别于点型建设项目，线路工程水土流失防治措施主要是以生态修复为主的植物措施，工程措施主要布设于变电站工程区和弃土点区。

5.3.3 项目区概况

项目区位于四川盆地东部，属于达州市管辖的通川区、达县及宣汉县境内，沿线地形主要为中低山和丘陵区，地貌区域属大巴山中山、低山以及川东低山和丘陵的一部分，是以中山和低山为主的地貌类型。

根据达州宣汉北 220kV 输变电工程水土保持方案报告书，工程区域内土壤侵蚀类型以水力侵蚀为主，侵蚀模数背景值约为 1938t/(km²·a)，侵蚀强度主要为轻度侵蚀。参照《水利部关于划分国家级水土流失重点防治区的公告》（中华人民共和国水利部公告 2006 年第 2 号），工程区属于嘉陵江上中游国家级水土流失重点治理区，土壤容许流失量为 500t/(km²·a)。

5.3.4 项目水土流失防治措施

宣汉北工程主体设计过程中，充分考虑了当地的自然环境条件，对生态脆弱区、地质灾害多发区等采取了避让措施，在变电站的选址、线路选线、塔基基础设计、施工工艺、施工组织等方面都进行了优化。通过优化施工工艺和施工组织等举措，可最大限度减轻工程建设对原地表的扰动；通过布设护坡、挡墙和排水沟等措施，可减少因工程建设带来的新的水土流失。

1. 挡土墙

由于宣汉北工程线路工程沿途地形复杂，地形较陡区域主体在设计中采取了高低腿、线路过林区采取高跨越等措施，尽量避免塔基基础大开挖和线路沿途林木砍伐，减少施工过程中可能产生的水土流失。塔基施工过程中，将对地形较陡区塔位下游设置挡土墙防护，以保证铁塔基础安全。上述措施具有良好的水土保持功能。

2. 护坡

对部分坡地塔位，开挖后出现易风化、剥落、掉块的上边坡设计采用浆砌块石护坡，通常沿塔位周围自然山坡或基面挖方后的缓坡面用块石砌筑护坡，对塔基边坡起保护作用。少数塔位因基础局部保护范围不满足设计要求，需填土夯实，当边坡较陡，若填土不采取措施易被冲刷流失时，在夯实的填土外侧局部采用砌石护坡。护坡坡脚一般置于原状土土层上，山坡坡度小于 $50°$，用 M5 水泥砂浆砌筑、勾缝，并每隔 2m 设一个泄水孔。

3. 基面排水

通畅良好的基面排水，有利于基面挖方边坡及基础保护范围外临空面的土体稳定。塔位有坡度时，为防止上坡侧汇水面的雨水及其他地表水对基面的冲刷影响，除塔位位于面包形山顶或山脊外，宣汉北工程均在塔位上坡侧（如果基面有降基挖方，距挖方坡顶水平距离大于等于 4m 处），依山势设置排水沟，以拦截和排除周围山坡汇水面内的地表水。大多数情况下只需开设 1 道排水沟，当汇水面范围很大时，需开设 2 道排水沟，并且沟的横断面尺寸应加大。排水沟设施应与降基、基坑开挖等土石方工程同步进行，使排水沟在线路施工过程中对基面及边坡起保护作用。

4. 输变电工程施工工艺

宣汉北工程在施工过程中采用了先进的施工工艺及方法，在施工过程中，结合项目区复杂的地形地貌，采用机械施工与人工施工相结合的方式。

（1）变电工程。在施工过程中，生产、生活用地全部在变电站站内空隙地解决，不再新征施工临时用地。尽量避开阴雨天气施工，严禁大雨期间进行回填施工，并做好防雨及排水措施，有效减少施工过程中的水土流失。整个场地按设计进行平整，挖方区按设计标高进行开挖，开挖从上到下分层分段依次进行，随时做一定的坡度以利泄水，尽量做到当天土方挖填平衡，减少临时堆土量。

（2）线路工程。汽车运输主要利用项目区的乡镇公路，为水泥及碎石路面，其间还有一些乡村级公路（土路）和机耕道可利用。部分机耕道条件较差，通过整修和拓宽亦可利用。汽车运输条件较好，水土保持工程借助现有道路即可满足要求。工程建设相应的材料可堆放在主体工程沿线设置的材料站中。该工程采用了牵张放线，由此可减小地表的扰动面积，减小水土流失量。线路沿线普遍采用全方位高低腿基础，减少了土石方工程量。施工时预先剥离表土可保护土壤熟土耕作层不被破坏殆尽，剥离表土堆放在塔基施工临时占地区内，同时进行表层密目网遮盖，周围用土袋挡护，一个塔基施工完毕后及时用于绿化覆土。

上述施工工艺遵循了"保护优先，先挡后弃"的原则，排水措施实施适时，而且主体工程采用先进的施工工艺，减少了工程占地面积和扰动地表面积，从而减少了因工程建设带来的水土流失。

5.4 宁夏沙湖750kV输变电工程

5.4.1 项目地区

宁夏回族自治区南北长、东西短，呈十字形。宁夏深居西北内陆高原，属典型的大陆性半湿润半干旱气候，雨季多集中在6~9月，具有冬寒长、夏暑短、雨雪稀少、气候干燥、风大沙多、南寒北暖等特点。宁夏降水量南多北少，大都集中在夏季。宁夏地处中国地质、地貌"南北中轴"的北段，在华北台地、阿拉善台地与祁连山褶皱之间。高原与山地交错带，大地构造复杂。从西面、北面至东面，由腾格里沙漠、乌兰布和沙漠和毛乌素沙地相围，南面与黄土高原相连。地形南北狭长，地势南高北低，西部高差较大，东部起伏较缓。

沙湖地处宁夏石嘴山市平罗县境内，距石嘴山市区26km，距首府银川56公里。国道与包兰铁路傍湖而过，京藏高速公路直达沙湖。水域面积45km¹，沙漠面积22.52km²。

沙湖以自然景观为主体，沙、水、苇、鸟、山五大景源有机结合，构成了独具特色的秀丽景观，是一处融江南秀色与塞外壮景于一体的"塞上明珠"。

5.4.2 项目概况

沙湖750kV输电线路工程由贺兰山—沙湖750kV输电线路和银川东—沙湖750kV输电线路两部分组成，线路途径银川市兴庆区、西夏区、贺兰县、平罗县、青铜峡市、灵武市和永宁县。全线新建线路全长234km，新建铁塔580基。沿线地貌类型为低山丘陵区和平原区，占地类型为其他草地、灌木林地、沙丘、水浇地和内陆滩涂。

5.4.3 项目区概况

项目区属中温带干旱大陆性季风气候区，多年平均降水量180.1~198.9mm，年均蒸发量1200~2005.3mm，年平均风速2.0~2.6m/s，年均大风日数5.7~20.2d。平原区由于黄河贯穿其间，成为全国六大自流灌区之一，是全国商品粮基地之一，土壤分布有潮土、龟裂碱土、灌淤土、盐土及沼泽土，植被以人工林防护林带为主，林草覆盖率约20%。低山丘陵区土壤类型主要是灰钙土和风沙土，属宁夏中部干旱草原区，为荒漠草原植被类型，林草覆盖率约15%。分析项目区的地形、地貌、植被、土壤、风速、降雨等水土流失影响因子，通过实地调查并参照《宁夏第二次土壤侵蚀遥感普查》报告，类比工程沿线同类工程，项目区水土流失形式为风力侵蚀与水力侵蚀并存，以风力侵蚀为主，土壤侵蚀强度为中度，平均侵蚀模数2520~2600t/(km²·a)。容许土壤流失量确定为1000t/(km²·a)。按照沿线不同的地貌类型设计相应的水土保持措施。

5.4.4 项目水土保流失防治措施

项目建设过程中注重生态环境保护，设置临时性防护措施，减少施工过程中造成的人为扰动及产生的废弃土。工程措施、植物措施、临时措施合理配置，统筹兼顾，形成综合防治体系。

结合项目所经区域的自然条件和社会经济条件，在水土流失防治分区的基础上，水土保持措施布局应重点考虑项目区的地形、地貌类型，有效避免因场地平整、基础开挖、铁塔基础开挖、浇筑、线路架线等建设活动引起的水土流失。因在塔基修建过程中地表植被和耕地会遭到破坏，临时堆土会占压和破坏林草植被，并且松散的堆土方式在降水和大风等作用下极易造成水土流失，临时道路被车辆碾压过后原有植被遭到破坏，增加了面蚀，所以要对塔基施工扰动面和临时施工道路扰动面进行土地整治，对塔基基础开挖产生的临时堆土进行临时防护。

1. 工程措施

（1）土地整治。输电线路施工结束后，对塔基土建工程施工扰动面（除防沉基外）及时进行垃圾清除、坑凹回填、土地整治。对临时施工便道进行坑凹整平、对压实的路段进行浅耕松土，以利于植被恢复。平原输电线路区设计土地整治面积 28.67hm²，其中土地整治复垦面积 27.34hm²，土地整治后推平压实 0.80hm²，撒播草籽人工促进恢复植被面积 0.53hm²。低山丘陵输电线路区设计土地整治 19.79hm²。

（2）复垦。输电线路施工结束后，对平原区占用水浇地的施工临时占地（塔基施工作业面、材料场、塔基临时堆土、牵张引力场、跨越临时塔架场地）进行土地整治复垦，恢复到原有地貌类型。水浇地复垦包括平整土地、施肥、翻地、碎土（耙磨）等过程，通过整地可以改善土壤理化性状，给植物生长尤其是根的发育创造适宜的土壤条件。复垦过程中增施有机肥（如绿肥、农家肥等），用以改善土壤不良结构，提高土壤中营养物质的有效性。复垦面积 27.34hm²。

（3）表土剥离。施工前，对平原区输电线路占用水浇地区域表层肥力较高的耕作土分段进行表层剥离，先剥离表层土，后开挖深层土。剥离出的表土集中堆存于基坑开挖面两侧，表层土在下，深层土在上，待基坑敷设结束后再覆于表层，恢复水浇地。剥离厚度 30cm，剥离表土面积 27.34hm²，剥离量 8.20 万 m³。

2. 植物措施

（1）撒播草籽。施工结束后，对平原区和低山丘陵区塔基土建工程施工扰动面（除防沉基外）和输电线路材料场内占用其他草地（荒地）的施工区域撒播草籽，人工促进植被自然恢复。项目区地处冲积平原，海拔在 1099～1300m 之间，平原区地势平缓，水肥条件较好，土壤以黄绵土、灰钙土为主，土质均一、疏松。低山丘陵区地势起伏，水肥条件一般，土壤以灰钙土为主，土质均一、疏松。植被类型属宁夏中部荒漠草原植被类型。按照"适地适树、适地适草"原则，应选择当地已适应环境的草种。因此，平原区选择草种为沙打旺与紫花苜蓿，1∶1 混合播种，撒播草籽自然恢复面积 0.53hm²，播种量 31.8kg。低山丘陵区选择草种为沙生冰草与沙蒿，采用人工促进植被自然恢复方式，1∶1 混合撒播面积 16.81hm²，播种量 336.2kg。

种植技术包括：

1）整地：清除区域内的杂物和碎石，将区域整平使表层土疏松。

2）播种：选用新鲜饱满的草种，趁雨季土壤湿润抢墒播种，播后用细齿耙轻轻拉平，以不露出种子为宜。

3）抚育管理要求：播种后翌年雨季，对缺苗地段进行集中补播，增加植被覆盖度，同时做好病虫害防治工作，严禁放牧。

（2）沙障固沙。土建工程施工结束后，对处于低山丘陵区沙丘段的塔基工程施工扰动面（包括塔基永久占地、施工材料堆放及施工作业面和临时堆土扰动面）进行清渣、平整，设置沙障。将做沙障的麦草直立，一部分埋压沙中，一部分露出地面。根据当地实际情况，该项目采用较软的麦草，麦草长 0.5m，露出地面 0.15m，埋入地下 0.1m，草方格布设密度 1m×1m，需麦草量 0.5kg/m²。沙丘段 20 基铁塔共设计草方格沙障 56000m，面积

14000m²，需麦草7000kg。

3. 临时措施

临时堆土表面拍光、压实后，坡顶和坡面采用密目网苫盖，并在堆土区四周坡脚处用装土编织袋对密目网进行压盖，以防止密目网被大风掀起，同时避免降水冲刷土壤并渗入土壤中。待塔基施工完毕后，按堆放顺序依次回填塔基两侧的土方，多余土方就地平整，将密目网和多余的编织袋带离施工区域，防止污染环境。需设临时堆土1160处，每100处重复利用1次，临时堆土需密目网1625m²，需编织袋3288个。

5.5 500kV嘉应变电站工程

5.5.1 项目地区

梅州市位于广东省东北部，全市总面积15876km²，辖梅江区、兴宁市、梅县、平远县、蕉岭县、大埔县、丰顺县、五华县6县1市1区，是南方崩岗分布最集中的地区，是广东省水土流失最严重的地区之一。

5.5.2 项目概况

梅州市500kV嘉应变电站工程是粤东北地区的一座枢纽变电站，占地面积较大，当全面铺开变电站工程建设之时，其扰动面积之大、程度之高、产生的水土流失影响及对生态环境的破坏之重都是不容忽视的。嘉应变电站位于梅州市梅县白宫镇，站址场地设计标高110m，占地面积约8.5万m²，进站道路占地面积19767m²。

5.5.3 项目区概况

梅州市由于受特殊的地质条件和气候条件影响，新中国成立前水土流失就很严重，母岩为花岗岩及紫色砂页岩的山丘区普遍存在水土流失现象，以崩岗危害最为严重。

根据广东省第三次遥感调查结果，2006年梅州市共有水土流失面积3505.69km，占市域总面积的22.2%。水土流失以自然侵蚀为主，以中度、强度居多，强烈以上水土流失主要由崩岗引起，全市共有崩岗54017个。在崩岗流失中，宽、深10m以上的大型崩岗有34208个，具有数量多、规模大、范围广、侵蚀剧烈、危害严重等特点。人为水土流失面积中，以火烧迹地和开荒导致的居多，近年来则主要为各类开发区引起。水土流失在区县分布中，五华县水土流失面积最多也最为严重，为965.19km²，占县域面积的29.8%；有崩岗22117个，占全市崩岗数量的40.9%。兴宁市、梅县、梅江区水土流失也有较多分布，占县域面积的20%左右。水土流失较轻的为大埔县和蕉岭县。

造成本区水土流失严重主要有以下几方面原因：

a. 气象：该项目区位于梅州市，属亚热带季风气候，降多年平均降雨量1478mm，最大日降雨量224.4mm，分布在4~9月，且易受台风影响形成局部暴雨甚至特大暴雨，是水土流失及地质灾害的主要诱发因素。

b. 水系：项目区属韩江流域梅江水系，沿线支沟发育，沿线河流常年有水，水量受季节影响较大，雨季水量大，水土流失现象较严重，4~9月为汛期，洪水主要由台风暴雨形成，个别河流水质对混凝土具腐蚀性。

c. 地质条件：站址处地形地貌为丘陵低山，北高南低，高程一般为120m，相对高差30~40m，西北角山坡较高，高程约160m。地下水主要为潜水，由大气降水补给，黏土和强、中风化岩层为主要含水层，地下水由北部山坡向南部低洼处排泄。项目区土壤黏结性差、土层较浅薄，保水保肥能力较差，通透性较好。

5.5.4 项目水土保流失防治措施

（1）在恢复渣场的植被生态方面：针对弃渣场表面设计的植物措施，防止水土流失进一步加剧。弃渣场为人工扰动地貌，在土地平整覆土措施后，及时采取植物措施，以恢复弃渣场植被，最大程度减小了渣场可能引发的水土流失。

（2）对已竣工的水土保持设施加强管理，保证正常使用，严禁在已绿化的地方再次堆渣，有效防止二次水土流失的发生。

（3）注重场地的排水措施，合理导流地表水，在施工期修建了包括临时排水沟、临时蓄水池在内的临时排水设施。而在工程竣工后期，也为变电站配备了永久性的排水设施。

（4）对开挖的边坡以最快速度进行永久工程的施工，包括采用挡墙、框架锚杆与排水相结合的治理措施，同时对坡面进行绿化，根据坡度的不同选择相应的绿化。

（5）加强监督管理，从人为管理层面上持久性地建立起一套水土保持的监督管理机制，进一步完善水土保持措施，缩小可能存在的管理死角。

（6）对水土流失情况进行跟踪监测，特别极端降雨时应加密监测频率，及时反馈相应的情况，包括对相应的绿植进行补种、对损坏的排水设施及时进行更换，确保变电站周围整体的水土保持措施系统能够有效运行，进一步为生态恢复留出时间和空间。

附录1　输变电工程水土保持措施典型设计图

一、雨水排水管

平面图

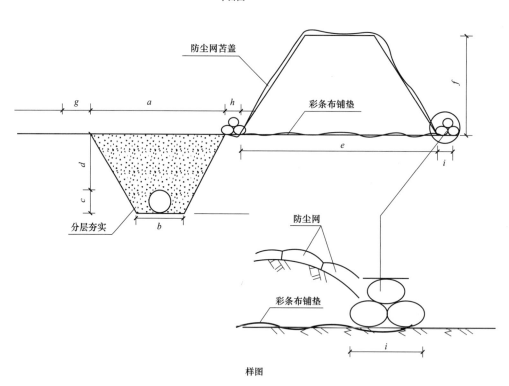

样图

图1　雨水排水管线敷设典型设计图

二、截（排）水沟及顺接

1. 输电线路塔基区截（排）水沟典型设计

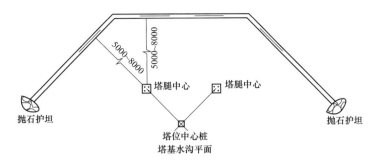

图2　山丘区塔基截（排）水沟平面示意图

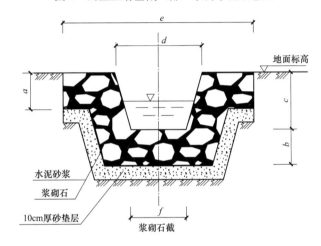

图3　浆砌石截（排）水沟梯形断面典型设计图

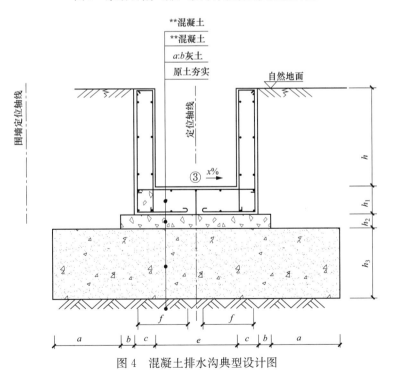

图4　混凝土排水沟典型设计图

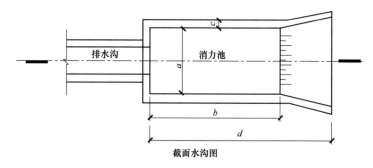

图 5　截（排）水沟末端消能措施典型设计图

2. 雨水蓄水池

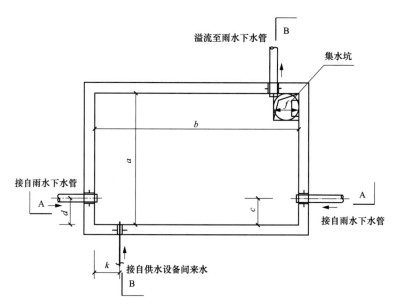

图 6　雨水蓄水池平面布置典型设计图

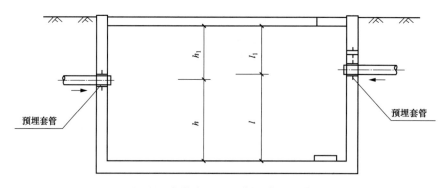

图 7　雨水蓄水池 A-A 剖面典型设计图

附录1 输变电工程水土保持措施典型设计图

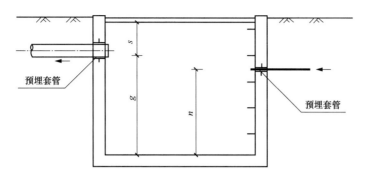

图8 雨水蓄水池 B-B 剖面典型设计图

3. 生态砖、透水砖

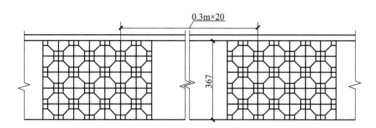

图9 生态砖铺设典型设计图

4. 工程护坡

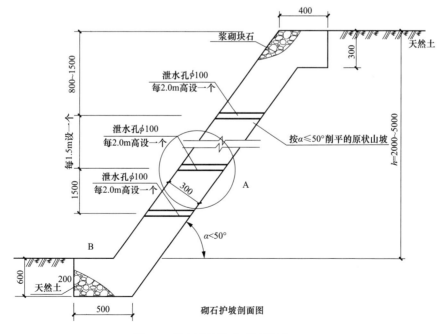

图10 浆砌石护坡典型设计图（一）

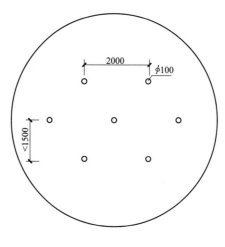

A泄水孔分布图

图11 浆砌石护坡典型设计图（二）

5.挡土墙、堡坎

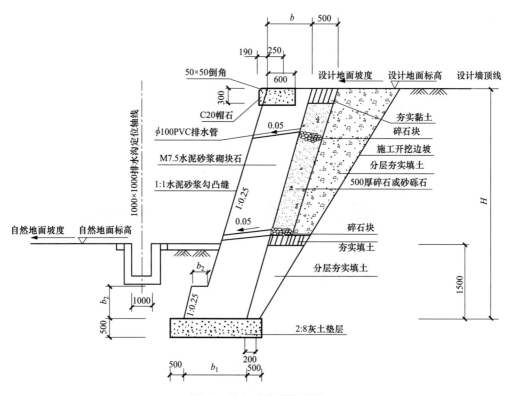

图12 挡土墙典型设计图

6. 土地整治

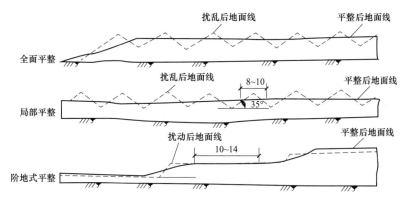

图13 土地整治方式示意图

7. 碎石覆盖

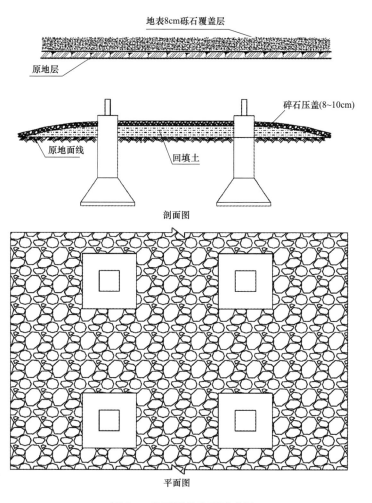

图14 碎石覆盖典型示意图

8. 沙障

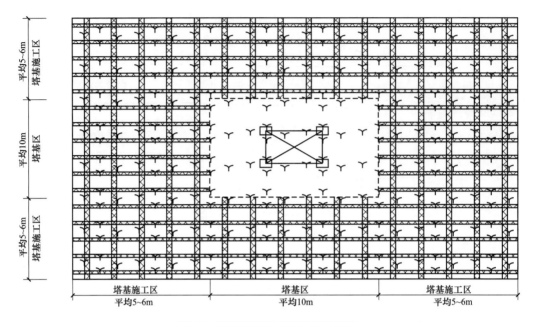

图 15　塔基区沙障布设典型设计图

附录 2　植物措施典型设计图

一、植物护坡

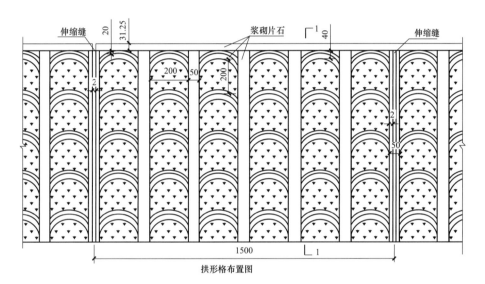

图 1　拱形骨架护坡

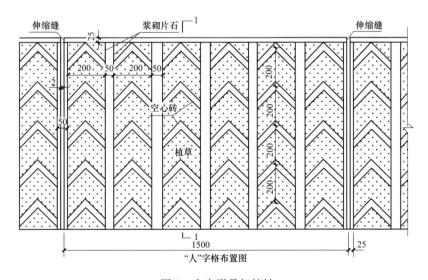

图 2　人字形骨架护坡

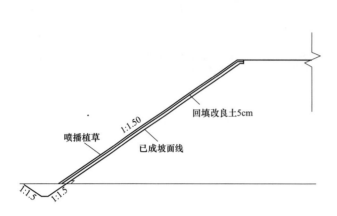

图3　水力喷播植草护坡典型设计图

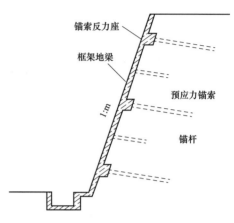

图4　预应力锚索框架地梁植被护坡示意图

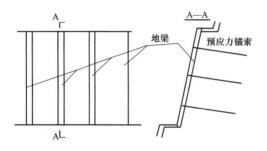

图5　预应力锚索地梁植被护坡图示

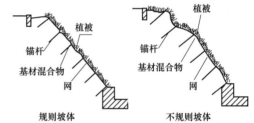

图6　厚层基材喷射植被护坡基本构造示意图

二、种植乔木、灌木

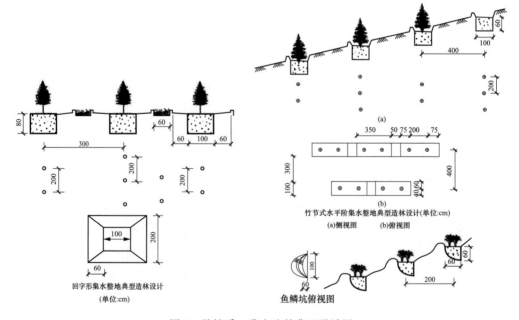

图7　种植乔、灌木造林典型设计图

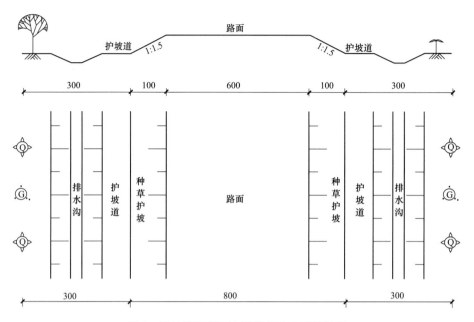

图 8 进站道路断面布置及绿化典型设计图

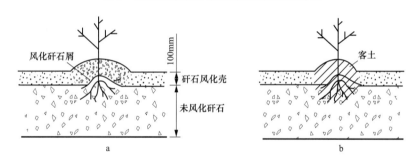

图 9 不覆土种植模式

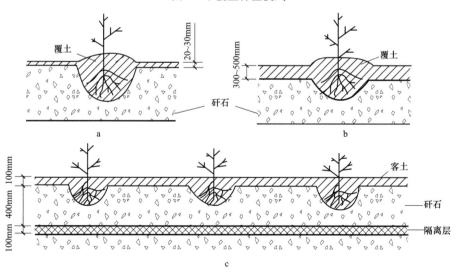

图 10 覆土种植模式

a—薄覆盖；b—厚覆盖；c—覆盖加隔层离图

三、播撒草籽

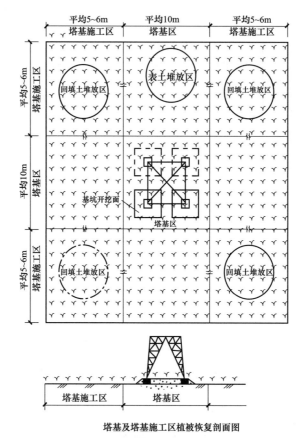

图 11 塔基区播撒草籽典型设计图

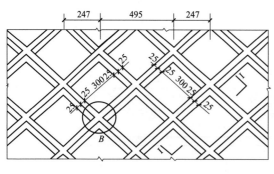

图 12 格状框条铺草皮护坡正视图

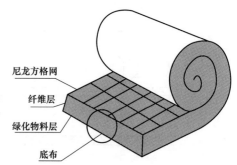

图 13 植生带示意图

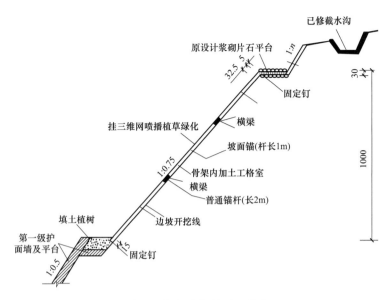

图 14　框架内加筋固土植草

附录3 临时措施典型设计图

一、彩旗绳限界

限行桩限定范围俯视图

1:500

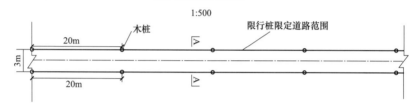

图1 彩旗绳限界典型设计图

二、防尘网、彩条布苫盖

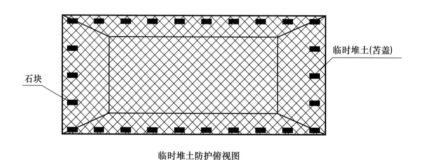

临时堆土防护俯视图

图2 临时苫盖俯视典型设计图

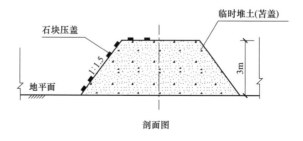

剖面图

图3 临时苫盖剖面典型设计图典型设计图及工程实例照片

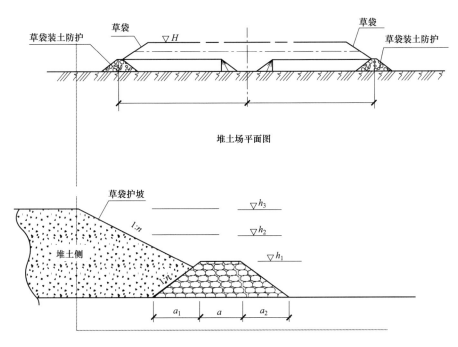

图 4　填土编织袋（草袋）拦挡典型设计图

三、沉沙池

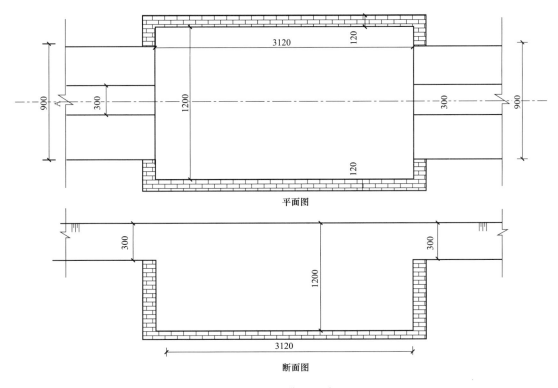

图 5　沉沙池典型设计图

四、泥浆沉淀池

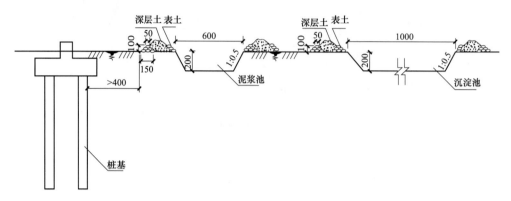

图 6　灌注桩泥浆池及沉淀池断面设计图

五、开挖临时排水沟

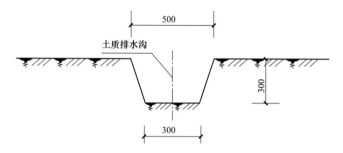

图 7　临时排水沟典型设计图

附录4 应用实例照片

一、截（排）排水沟图片

图1 塔基区截（排）水沟

图2 变电站围墙外截（排）水沟

图3 110kV应城东马坊变电站排水沟

图4 500kV宜昌变电站排水沟

图5 500kV宜昌变电站排水沟

图6 宜昌变电站沉沙池＋排水沟

图 7　500kV 宜昌变电站排水沟

图 8　荆州南变电站沉沙池＋排水沟

图 9　江夏 220kV 塔基区排水沟

图 10　大悟 220kV 塔基区截水沟

图 11　大悟 220kV 塔基区排水沟

图 12　大悟 220kV 塔基区排水沟

图 13　大悟 220kV 塔基区排水沟

图 14　大悟 220kV 塔基区排水沟

图 15　500kV 宜昌变电站进站道路排水沟　　　图 16　江夏变电站进站道路排水沟

图 17　荆州南进站道路排水沟　　　　　　　图 18　荆州南进站道路排水沟

图 19　进站道路护坡＋排水沟　　　　　　　图 20　桥南变排水涵

图 21　赣州变电站浆砌石排水沟　　　　　图 22　赣州变电站浆砌石截（排）水沟

二、挡土墙、护坡图片

图 23　变电站外浆砌石护坡

图 24　赣州变电站浆砌石护坡

图 25　塔基浆砌石护坡　　　　　　　　图 26　干砌石护坡

图 27　变电站外混凝土护坡　　　　　　图 28　潜江章华变电站挡土墙

图 29　杨泗矶变电站挡土墙

图 30　500kV 宜昌变电站挡土墙

图 31　宜昌变电站进站道路挡土墙

图 32　110kV 章华变电站挡土墙

图 33　随县吴山变电站挡土墙

图 34　宜昌变电站塔基区挡土墙

图 35　大悟塔基区干砌石挡土墙

图 36　吴山塔基区挡土墙

图 37　吴山塔基区挡土墙

图 38　大悟塔基区挡土墙

图 39　大悟塔基区砖砌挡土墙

图 40　厉山变电站塔基区挡土墙

图 41　厉山变电站进站道路挡土墙

图 42　阳新富池变电站挡土墙

图 43　老河口变电站挡土墙

图 44　天门侨乡变电站挡土墙

图 45　厉山（高低腿）塔基区挡土墙

图 46　塔基区挡土墙挡护

三、其他工程措施图片

图 47　随县吴山变电站碎石地坪　　　图 48　鄂州变电站配电装置下碎石地坪

图 49　500kV 江夏变电站浆砌石护坡　　　图 50　程家山变电站配电装置下碎石地坪

图 51　厉山变电站浆砌石护坡

图 52　厉山变电站塔基区砖砌石护坡

图 53　塔基区柴草沙障

图 54　变电站围墙外秸秆沙障

图 55　赣州变电站框格护坡

四、植物措施图片

图 56　边坡植生带防护

图 57　蜂巢式网格植草护坡

图 58　拱形骨架植草护坡

图 59　人字形骨架植草护坡

图 60　施工道路恢复林地

图 61　进站道路行道树

图 62　塔基区播撒草籽绿化

图 63　变电站播撒草籽绿化

图 64　草皮剥离

图 65　草皮养殖

图 66　草皮回铺后灌水

图 67　草皮回铺后的效果

图 68　盘龙城变电站配电装置下绿化

图 69　盘龙城变电站配电装置下绿化

图 70　鄂州变电站配电装置下绿化

图 71　汉南变电站区绿化

图 72　荆州南变电站施工生产生活区绿化

图 73　榕江变电站绿化

图 74　宜昌北变电站护坡绿化

图 75　宜昌北变电站及临时占地绿化

图 76　厉山变电站站区绿化

图 77　厉山变电站站区配电装置下绿化

图 78　厉山变电站站区绿化

图 79　阳新富池变电站绿化

图 80　阳新富池变电站配电装置下绿化

图 81　阳新富池变电站绿化

图 82　厉山变电站输电线路塔基区绿化

图 83　新余—赣州输电线路塔基绿化

图 84　阳新富池输电线路塔基绿化

图 85　宜昌变电站进站道路绿化

图 86　电厂道路两侧绿化（乔—灌—草）

图 87　电厂道路隔离带绿化（灌—草）

图 88　变电站道路绿化（乔—草）

图 89 变电站道路绿化

图 90 变电站植草护坡

图 91 藤本植物护坡

图 92 赣州变电站进站道路绿化（乔—灌—草）

图 93 新余—赣州输电线路施工道路绿化

图 94 新余—赣州输电线路人抬道路绿化

五、临时措施图片

图 95 塔基施工场地彩旗绳限界

图 96 临时道路彩旗绳限界

图97 防尘网苫盖

图98 彩条布苫盖

图99 堆土底部铺垫彩条布

图100 填土编织袋拦挡

图101 变电站临时沉沙池

图102 施工生产生活区临时排水沟

图 103 土质临时排水沟

图 104 土质临时排水沟

图 105 临时遮盖拦挡

图 106 编织袋临时拦挡

附录5 设计要求和注意的问题

一、典型设计图的要求

(1) 典型设计要有平面位置图，图中要交待清楚相关内容；例如：对取土场（弃渣场）的平面位置图中要交待清上游截（排）水沟的布置、下游挡土墙的布置、陡坡消力池的布置、消力池下游和原沟道的衔接方式（包括海漫、连接段翼墙、连接渠等）；对临时堆土要在平面位置图中交待出堆土区的位置。

(2) 典型设计要有可说明各相关尺寸的平面图和剖面图。

(3) 对截（排）水沟应给出纵（断）面图，均可从万分之一的地形图上量得，在纵（断）面图上要给出桩号及地面线、设计渠底线、水面线、渠顶线等。

(4) 典型的各相关尺寸要标注完整，可按照尺寸准确、完整地计算其各种工程量。

(5) 对典型设计所有相关工程量要计算齐全，核算准确。

(6) 计算典型设计的工程量单位指标，可按单位面积或单位长度进行计算。

二、典型设计应注意问题

(1) 注意南方北方的差异，南方排水对保土尤为重要；北方则应蓄排结合，尽可能多地利用当地的降水；在干旱、半干旱地区应考虑集水、灌溉工程。

(2) 设计洪水或设计来水量、来水形式与排水形式之间的关系。

(3) 断面设计尺寸与构造和施工要求相结合。

(4) 综合措施应用对排水的影响。

(5) 植物措施应与景观需要相结合。

(6) 新技术、新材料的应用。

三、工程量计算

1. 工程量分类

设计工程量＝图纸工程量×阶段扩大系数。

图纸工程量是根据设计建筑物几何轮廓尺寸计算出的工程量。

2. 设计阶段扩大工程量

项目建议书、可研、初设各阶段由于设计深度的限制，有一定误差，为了留有余地而取一定的扩大系数，以便下阶段工程量不能有大的突破。

3. 其他各类工程量

包括施工超挖工程量、施工附加工程量、施超填损失量、施工损失量、质量检查工程量和试验工程量等。

四、计算方法

土方量的计算是建筑工程施工的一个重要步骤。工程施工前的设计阶段必须对土石方量进行预算，它直接关系到工程的费用概算及方案选优。在现实中的一些工程项目中，因土方量计算的精确性而产生的纠纷也是经常遇到的。如何利用测量单位现场测出的地形数据或原有的数字地形数据快速准确地计算出土方量成了人们日益关心的问题。常用的计算土方量的方法有方格网法、等高线法、断面法、DTM 法、区域土方量平衡法和平均高程法等。

1. 断面法

在地形复杂起伏变化较大，或地狭长、挖填深度较大且不规则的地段，应选择横断面法进行土方量计算。

用断面法计算土方量，首先在计算范围内布置断面线，断面一般垂直于等高线，或垂直于大多数主要构筑物的长轴线。断面的多少应根据设计地面和自然地面复杂程序及设计精度要求确定。在地形变化不大的地段，可少取断面。相反，在地形变化复杂、设计计算精度要求较高的地段要多取断面。两断面的间距一般小于 100m，通常采用 20～50m。绘制每个断面的自然地面线和设计地面线。

然后，分别计算每个断面的填、挖方面积。计算两相邻断面之间填、挖方量，并将计算结果进行统计。由于计算机的发展，使面积计算已具有较高的精度，如采用辛普生法计算。断面法土方量的计算，通常仍采用由两端横断面的平均面积乘以两横断面之间的间距得到。

2. 方格网法计算

对于大面积的土石方估算以及一些地形起伏较小、坡度变化平缓的场地适宜用格网法。这种方法是将场地划分成若干个正方形格网，然后计算每个四棱柱的体积，从而将所有四棱柱的体积汇总得到总的土方量。在传统的方格网计算中，土方量的计算精度不高。现在引入一种新的高程内插的方法，即杨赤中滤波推估法。

3. 不规则三角网法（Digital Terrain Model，DTM）

不规则三角网（Triangalated Irregular Network，TIN）是数字地面模型 DTM 表现形式之一，该法利用实测地形碎部点、特征点进行三角构网，对计算区域按三棱柱法计算土方。

基于不规则三角形建模是直接利用野外实测的地形特征点（离散点）构造出邻接的三角形，组成不规则三角网结构。相对于规则格网，不规则三角网具有以下优点：三角网中的点和线的分布密度和结构完全可以与地表的特征相协调，直接利用原始资料作为网格结点；不改变原始数据和精度；能够插入地性线以保存原有关键的地形特征，能很好地适应复杂、不规则地形，从而将地表的特征表现得淋漓尽致等。因此，在利用 T1N 算出的土方量时就大大提高了计算的精度。

（1）三角网的构建。采用两级建网方式来构建不规则三角网。

1）进行包括地形特征点在内的散点的初级构网。

一般来说，传统的 TIN 生成算法主要有边扩展法、点插入法、递归分割法等以及它们的改进算法。在此仅简单介绍一下边扩展法。

所谓边扩展法，就是指先从点集中选择一点作为起始三角形的一个端点，然后找离它距离最近的点连成一个边。以该边为基础，遵循角度最大原则或距离最小原则找到第三个点，形成初始三角形。由起始三角形的三边依次往外扩展，并进行是否重复的检测，最后将点集内所有的离散点构成三角网，直到所有建立的三角形的边都扩展过为止。在生成三角网后调用局部优化算法，使之最优。

2）根据地形特征信息对初级三角网进行网形调整，这样可使建模流程思路清晰，易于实现。

（2）地性线的特点及处理方法。

所谓地性线就是指能充分表达地形形状的特征线地性线不应该通过 TIN 中的任何一个三角形的内部，否则三角形就会"进入"或"悬空"于地面，与实际地形不符，产生的数字地面模型（DTM）有错。

当地性线与一般地形点一道参加完初级构网后，再用地形特征信息检查地性线是否成为初级三角网的边。若是，则不再做调整；否则，作出调整。总之，要务必保证 TIN 所表达的数字地面模型与实际地形相符。

遭遇陡坎时，地形会发生剧烈的突变。陡坎处的地形特征表现为：在水平面上同一位置的点有两个高程且高差比较大；坎上、坎下两个相邻三角形共享由两相邻陡坎点连接而成的边。当构造 TIN 时，只有顾及陡坎地形的影响，才能较准确地反映出实际地形。

参 考 文 献

[1] 高宝林，周全. 输变电工程水土保持设施技术评估程序及应注意的问题 [J]. 中国水土保持，2009. 10. 020：13-15.

[2] 罗霞，华国春. 输变电建设水土流失特点与水土保持监测 [J]. 安徽农业科学，2015，43（13）：182-183.

[3] 余锡刚，吴建，郦颖，等. 灰霾天气与大气颗粒物的相关研究综述 [J]. 环境污染与防治，2010，32（2）：86-94.

[4] 董海燕，古金霞，陈魁，等. 天津市区 PM2.5 中碳组分污染特征及来源分析 [J]. 中国环境监测，2013，29（1）：34-38.

[5] 刘登峰，林靓靓. 南方红壤丘陵区输变电工程水土保持措施 [J]. 山西水土保持科技，2011（1）：40-41.

[6] 刘卉芳，徐永年，池春青，等. 云南省输变电工程水土流失特点浅析 [J]. 水土保持研究，2008，15（2）：133-136.

[7] 孙中峰，杨文姬，宋康. 输变电工程建设低扰动水土保持技术研究 [J]. 水土保持研究，2014（3）：62-67.

[8] 王露露，孙中峰，朱清科. 山西省输变电工程水土保持低扰动工程技术 [J]. 水土保持研究，2013，20（3）：310-315.

[9] 龚小舞. 500kV 国安输变电工程水土保持监测实践与分析 [J]. 亚热带水土保持，2015，04：65-67.

[10] 刘刚，申义贤，裴华，等. 输变电工程水土保持措施设计探讨 [J]. 中国水土保持，2011，（11）：20-22.

[11] 石丽荣. 输电线路工程水土保持措施述评——以宁夏沙湖 750kV 输变电工程为例 [J]. 环境生态，2018（8）：34-35.

[12] 赵永军. 开发建设项目水土保持方案编制技术. 北京：中国大地出版社，2007.

[13] 伍光和等. 自然地理学. 北京：高等教育出版社，1978.

[14] 江玉林，张洪江. 公路水土保持. 北京：科学出版社，2008.

[15] 焦居仁，姜德文，王治国，等. 开发建设项目水土保持 [M]. 北京：中国法制出版社，1998.

[16] 王治国，李世锋，陈宗伟. 生产建设项目设计理念与原则 [J]. 中国水土保持科学，2011（6）.

[17] 刘震. 我们水土保持的目标与任务 [J]. 中国水土保持科学，1（4）：1-5.

[18] 黎华寿，蔡庆. 水土保持工程植物运用图解. 北京：化学工业出版社，2007.

[19] 曾大林. 论开发建设项目水土保持理念 [J]. 水土保持科技情报（4）：1-30.